Edson Gonçalves

Manual Básico para INSPETOR DE MANUTENÇÃO INDUSTRIAL

Volume 2

Edson Gonçalves

Manual Básico para
NSPETOR DE MANUTENÇÃO INDUSTRIAL

Volume 2

Editor: Paulo André P. Marques
Produção Editorial: Dilene Sandes Pessanha
Capa: Daniel Jara
Diagramação: Lucia Quaresma
Copidesque: Ana Cristina Andrade dos Santos

FICHA CATALOGRÁFICA

GONÇALVES, Edson.

Manual Básico para Inspetor de Manutenção Industrial – Volume 2

Rio de Janeiro: Editora Ciência Moderna Ltda., 2017.

1. Engenharia 2. Engenharia Mecânica 3. Engenharia Industrial
I — Título

ISBN: 978-85-399-0813-4 CDD 620
620.1
621.7

Editora Ciência Moderna Ltda.
R. Alice Figueiredo, 46 – Riachuelo
Rio de Janeiro, RJ – Brasil CEP: 20.950-150
Tel: (21) 2201-6662/ Fax: (21) 2201-6896
E-MAIL: LCM@LCM.COM.BR
WWW.LCM.COM.BR **01/17**

Felicidade Autêntica

"Que a felicidade nunca dependa do tempo, nem da paisagem,
nem da sorte e nem do dinheiro.

Que ela possa vir com toda sua simplicidade de dentro para fora,
e de cada um para todos.

Que as pessoas saibam falar, calar e acima de tudo ouvir.

Que tenham amor, ou então que sintam falta de não tê-lo.

Que tenham ideias e medo de perdê-las.

Que amem ao próximo e respeitem sua dor.

Para que tenhamos certeza de que:

Ser feliz sem nenhum motivo é a mais autêntica forma de felicidade..."

Carlos Drummond de Andrade

AGRADECIMENTOS

Agradeço veementemente a minha esposa Neide e minhas filhas Sabrina e Emanuelle, que abriram mão de inúmeros momentos de lazer e de convívio familiar para que fosse possível concretizar esta obra, bem como o apoio e o incentivo concedidos.

Agradeço à minha mãe, dona Maria Vieira Gonçalves, por cada segundo de dedicação, de cuidados e de amor, por cada palmada e cada castigo que me deu, pois somente com suas ações e atitudes fui capaz de me tornar o homem e pai que sou hoje.

Agradeço também ao Sr. Otil Gonçalves Neto (in memoriam), um homem semianalfabeto, sem cultura, mas que me ensinou todos os valores da vida, sobre a necessidade de que o ser humano tem de batalhar pelos seus sonhos e a traçar meus objetivos, a valorizar o próximo. Um homem que me mostrou que não temos limite nesta vida, que podemos realizar tudo o que quisermos, e que estas realizações somente fazem sentido se forem de coração e com muita dedicação e trabalho; que batalhar pelos nossos sonhos é o verdadeiro sentido da vida.

Este homem de que tenho o imenso orgulho de chamar de "MEU PAI".

DEDICATÓRIA

Dedico esta obra a todos os meus familiares, sem exclusão de nenhum grau de parentesco, pois cada um deles tem um papel importante na minha vida.

A cada um dos meus professores e instrutores que me alfabetizaram e me direcionaram ao aprendizado formal, técnico e moral.

A cada um dos meus amigos de infância, adolescência e vida adulta, que conviveram comigo em todos os momentos de alegria e tristeza.

Dedico também esta obra a todos os colegas de trabalho que conviveram comigo ao longo de toda a minha vida profissional; àqueles que me ensinaram as atividades do dia a dia, àqueles que aprenderam comigo no dia a dia; e principalmente àqueles que discordaram de algumas de minhas opiniões e decisões, discordâncias estas que serviram de diálogos e discussões que originaram novos estudos até que encontrássemos uma definição comum e definíssemos conceitos favoráveis a todos.

Reservo-me no direito de não citar nenhum nome, para que eu tenha a consciência tranquila de não ter me esquecido de mencionar nenhuma das pessoas que fizeram parte da minha história até hoje.

REFLEXÃO

Aproveite todas as oportunidades da tua vida, porque quando passam demoram muito tempo a voltar.

Nunca se arrependa dos momentos em que sofreu, carregue as suas cicatrizes como se fossem medalhas, pois toda liberdade tem um preço muito alto, tão alto quanto o preço da escravidão.

Paulo Coelho

PREFÁCIO

No ano de 2011 decidi escrever minha primeira obra voltada para atividades práticas da rotina de um profissional que exerce suas atividades técnicas sem nenhum respaldo literário de suas atribuições, que pudesse levá-lo a atingir os objetivos destinados a tal aplicação. Obra esta com o título de "Manual Básico para Inspetor de Manutenção Industrial".

Surpreendeu-me a tamanha aceitação das poucas palavras orientativas de minhas experiências anteriores. Tal atitude fez com que estes poucos conhecimentos se expandissem e atingissem uma dimensão assustadora de forma meteórica.

Por mais que acreditasse que o conteúdo era interessante aos profissionais desta área, jamais imaginaria que a carência por informações desta natureza fosse infinitamente maior do que poderia imaginar.

Todo esforço e trabalho desenvolvido não contribuiu apenas para aumentar e/ou aguçar o conhecimento dos profissionais que desempenham estas funções; serviu como aprendizado próprio, proporcionando-me experiências jamais imagináveis.

Da mesma forma que o universo sempre conspira para que tudo nele evolua, não poderia ser diferente neste caso. A necessidade de mais informações, por mais que o mundo hoje seja plano e todas as pessoas tenham acesso fácil e rápido a quaisquer informações necessárias, algumas dependem da explanação e/ou da divisão de experiências vividas por atividades práticas a que nem todos os profissionais foram instruídos ou já vivenciaram.

Sendo assim, a necessidade de complementar o que foi mostrado no primeiro exemplar se tornou inevitável, devido ao grande número de profissionais que buscavam por e-mails, telefones e redes sociais mais detalhes sobre outros ativos que não foram abordados anteriormente.

Não foi difícil decidir avançar para mais uma obra destinada a este mesmo fim, uma vez que a satisfação de um trabalho bem aceito pelos profissionais desta natureza foi a maior recompensa que poderia esperar como retorno de todos os esforços desprendidos durante sua criação.

Desta forma, neste exemplar serão abordados outros ativos antes não mencionados, bem como o aprofundamento em algumas atividades de natureza normativa, a qual também faz parte do universo de atividades destinadas a estes profissionais que sempre buscam aprimorar suas habilidades, conhecimentos e atitudes com determinação, disciplina, superação, motivação e respeito.

APRESENTAÇÃO

Quando recebi o convite do autor Sr. Edson Gonçalves, que também é um grande amigo, para fazer a apresentação deste livro, fiquei muito contente e honrado por contribuir com sua obra, mesmo que numa pequena parcela, porque sei da sua importância no meio da manutenção. Ao mesmo tempo, fui impulsionado a sair da minha zona de conforto, afinal ser leitor é uma coisa, mas ser escritor, mesmo que seja de apenas uma página, é muito diferente, ainda mais quando se leva a responsabilidade de fazer a apresentação de uma obra de grande gabarito e importância para o nosso meio. Enfim, aqui estou! Muito obrigado, Edson, por me proporcionar essa grande oportunidade.

Conheci o Edson um bom tempo atrás, na CSN — Araucária, de um lado ele como contratante e do outro eu como prestador de serviços em lubrificação industrial. Mesmo após essa passagem, nossa ligação tanto profissional como pessoal se mantém firme por anos a fio porque temos vários propósitos e valores em comum, e um deles é o de contribuir para o crescimento e evolução da manutenção, pois dessa maneira estamos contribuindo também para o crescimento das empresas e da economia do nosso país .

Em todos esses anos nos deparamos com vários desafios os quais superamos graças ao nosso conhecimento aliado ao trabalho em equipe, em que o todo (a integração das ideias e experiências) é maior que a soma do conhecimento individual.

O que se destaca no Edson, além do evidente conhecimento técnico, é o seu desejo quase utópico de ajudar as pessoas; é isso que o faz um profissional diferenciado da grande maioria. A sabedoria em compartilhar conhecimento e experiências vividas nos torna maiores e nos dá significado para nossa caminhada. E é com esse espírito de ajuda e compartilhamento de conhecimentos e experiências que este livro é lançado.

Uma obra como esta se faz cada vez mais importante e necessária tanto no acervo técnico particular dos profissionais de manutenção como nas bibliotecas das empresas e organizações, bem como nos estabelecimentos de ensino profissionalizante (técnico) e de graduação (engenharia), porque esta obra vai além das fórmulas matemáticas, normas nacionais e internacionais a serem seguidas; ela entrega ao leitor experiências reais vividas pelo autor no decorrer de sua carreira e maneiras práticas de como identificar, monitorar, controlar e solucionar possíveis falhas ou problemas.

Sabemos que tanto escolas técnicas como faculdades não possuem a velocidade nem o dinamismo da tecnologia atual, formando, dessa maneira, profissionais com certo grau de conhecimento que nem sempre está em consonância com as práticas exigidas pelos equipamentos. Sabemos também que não basta conhecimento teórico para exercer com excelência determinada profissão; é necessário experiência, só adquirida com o passar dos anos. São esses os motivos que dão a essa obra tamanha importância tanto para aqueles que estão se inserindo na manutenção quanto para os que buscam uma fonte para se manterem atualizados.

Agora, sem mais delongas, deixo os senhores leitores com esta obra única sobre inspeção de equipamentos.

Engenheiro Ciro de Carvalho Junior

Consultor em Lubrificação Industrial

Sumário

1. INTRODUÇÃO

Em todo este processo de controle para manter a produtividade sempre em dia, aumentando os lucros e diminuindo os custos consideravelmente, os gestores das fábricas de pequeno, médio e grande porte contam com profissionais especialistas em identificar possíveis avarias e falhas dos equipamentos e componentes, detectando o menor sinal de fogo.

É o inspetor de manutenção o profissional responsável pelo controle, avaliação e fiscalização de todo o processo de produção de toda a empresa. Sua principal função é coletar, avaliar e analisar os dados com a finalidade de prever toda e qualquer eventual falha em uma máquina, equipamento ou componente, planejando como e quando tal elemento de máquina será reparado ou substituído.

Para garantir o sucesso econômico mundial, o mercado produtivo brasileiro deve estar na mais perfeita harmonia com o setor industrial e com os processos produtivos. A partir disso, o que se observa é uma preocupação bem maior com todo o planejamento das pequenas, médias e grandes fábricas e indústrias, especialmente incluindo programas e profissionais especializados em manutenção eficazes e capazes de detectar qualquer eventual problema nos equipamentos e componentes das máquinas, a fim de evitar paralisações e sucessivamente perdas de produção.

De acordo com os relatos de vários especialistas em manutenção preditiva, em que estudos sobre as falhas são realizados como forma de prever novas panes e contorná-las da melhor maneira possível, o inspetor de manutenção é essencial nas unidades industriais e quase sempre são formados em cursos técnicos.

Seu conhecimento é um aliado a mais das empresas para manter os processos produtivos alinhados e longe de qualquer tipo de impasse. Isso significa que um bom planejamento de manutenção e inspetores qualificados e bem treinados tecnicamente para exercer suas funções são duas armas capazes de fazer a diferença em qualquer manutenção, além de aumentar substancialmente a lucratividade da indústria.

Com sua formação em uma determinada modalidade e apesar de sua importância na sistemática de manutenção do mercado industrial, está cada vez mais difícil encontrar um inspetor de manutenção qualificado no mercado de trabalho.

Para isso, as empresas estão investindo cada vez mais em funcionários que já fazem parte da sua equipe de trabalho, algumas vezes custeando os cursos de formação para eles como forma de contar com um profissional experiente que já conhece toda a cultura e filosofia da empresa e pode contribuir ainda mais buscando conhecimento em outra área.

A inspeção visual é uma das técnicas de manutenção de maior simplicidade em sua realização e de menor custo operacional. Esta prática depende do poder de observação do inspetor de manutenção e da capacidade técnica do mesmo de compreender o significado da avaria ou falha.

Por sua simplicidade, não há nenhum processo industrial em que ela não esteja presente, normalmente sendo utilizados na verificação das alterações dimensionais, desgastes, corrosões, deformações, alinhamentos, trincas, entre outras anormalidades.

2. EVOLUÇÃO

Desde os primórdios da civilização existe a necessidade de conservação e reparos de ferramentas e equipamentos, porém foi somente depois da invenção das primeiras máquinas têxteis, a vapor, no século XVI, que se emergiu a função da manutenção.

Assim, com a necessidade de se manter em bom funcionamento todo e qualquer equipamento, ferramenta ou dispositivo para uso no trabalho, em épocas de paz, ou em combates militares nos tempos de guerra, houve as consequentes evoluções das formas de manutenção.

Após a revolução industrial, foram propostas várias funções básicas nas empresas, as quais destas se destacam a função técnica, relacionada com a produção de bens ou serviços, da qual a manutenção é parte integrante.

Originalmente a manutenção era uma atividade que deveria ser executada em sua totalidade, pela própria pessoa que opera o equipamento, sendo este o perfil ideal. Porém, com a evolução tecnológica, os equipamentos e componentes tornaram-se de alta precisão e complexidade, e com o crescimento da estrutura empresarial foram sendo introduzidas diversas sistemáticas, e a função da manutenção foi gradativamente dividida e alocada em setores especializados.

Com a evolução da tecnologia, foram instalados novos equipamentos, e grandes inovações executadas para atender à solicitação de aumento de produção. Assim o departamento operacional passou a dedicar-se somente à produção, não restando alternativa a não ser a criação do departamento de manutenção, que passaria a responsabilizar-se por todas estas funções destinadas aos reparos e disponibilização dos equipamentos para a produção.

Assim, não se pode afirmar que nesta época o equipamento estivesse sendo utilizado de maneira eficiente, mas levando em consideração a passagem para uma era de evolução da alta tecnologia foi um fato inevitável para fazer face às inovações tecnológicas, ao investimento em equipamentos e ao incremento da produção.

No entanto, à medida que se passava para uma etapa de desaceleração de crescimento econômico, começava-se a exigir das empresas cada vez mais a competitividade e a redução de custos, aprofundando o reconhecimento de que um dos pontos decisivos seria a busca da utilização eficiente dos equipamentos existentes até o seu limite.

Para isso, na manutenção, tornou-se como núcleo a atividade de prevenção da deterioração dos seus equipamentos e componentes, aumentando, assim, a necessidade da função básica de profissionais que não apenas corrigissem as respectivas falhas, mas que também pudessem evitar que elas ocorressem.

Desta forma, os profissionais técnicos de manutenção passaram a desenvolver o processo de prevenção de avarias e falhas por meio de análises e verificações frequentes, por meio de uma filosofia chamada manutenção preditiva sensitiva, a qual utilizava seus cinco sentidos para detectar anormalidades no funcionamento dos equipamentos e componentes, que juntamente com a equipe de correção completavam o quadro geral da manutenção, formando uma estrutura tão importante quanto a operação. Surgiu, assim, o profissional Inspetor de Manutenção Industrial.

3. CONCEITOS

Como toda e qualquer sistemática ou filosofia, na manutenção por inspeção sensitiva, aplicam-se alguns termos que não são do conhecimento de todos os profissionais que atuam neste segmento.

A seguir serão descriminados alguns destes termos de forma clara e objetiva para que haja um perfeito entendimento dos profissionais que precisam entender toda a lógica e analogia de uma manutenção por inspeção sensitiva.

3.1. Conceitos Técnicos

3.1.1. Inspetor de Manutenção Industrial

É o profissional que tem a função de sentir, avaliar ou controlar as mudanças físicas das instalações, prevendo e antecipando falhas ou defeitos e tomando as medidas reparadoras apropriadas.

3.1.2. Manutenção por Inspeção

Tem por função detectar anomalias por meio dos sentidos humanos, seguindo um procedimento operacional, antes que a mesma venha a tornar-se uma falha.

3.1.3. Efeito Multiplicador de defeitos

É quando a causa dos defeitos se soma, e cuja resultante tem um efeito muito maior do que o efeito de cada uma isoladamente. Não é exagero afirmar que muitas das falhas crônicas são devidas ao abandono (acúmulo e repetição) de defeitos. A inspeção de ronda procura externar os defeitos de modo sistemático, permitindo prevenir com antecedência a ocorrência de falhas. O tratamento que deve ser dado aos defeitos é o mesmo dado às falhas na identificação das causas. Por trás de um pequeno vazamento em um retentor pode até haver uma especificação de um material inadequado.

3.1.4. Falha

É o término da capacidade de um item desempenhar sua função requerida.

Termos equivalentes utilizados

- Quebra
- Falha maior

3.1.5. Defeito

É a imperfeição que não impede o funcionamento de um item, todavia pode, a curto ou longo prazo, acarretar sua falha.

Termos equivalentes utilizados

- Falha mínima
- Indício de anormalidade

- Falha incipiente
- Falha menor

3.1.6. Inspeção de Ronda

Também conhecida como manutenção Preditiva Sensitiva.

É o ato de externar as falhas mínimas (defeitos) e prevenir com antecedência a ocorrência de falhas e quebras, utilizando basicamente os cinco sentidos, podendo ser auxiliada por alguns instrumentos, e visam avaliar os equipamentos e as instalações em busca de defeitos ou sintomas que indiquem uma degeneração oriunda de causas anormais e que permita antecipar uma falha maior.

As inspeções de ronda são realizadas por pessoal treinado e experiente na avaliação (principalmente utilizando os cinco sentidos) das variáveis de controle envolvidas nas inspeções e atento às anormalidades adjacentes, assegurando uma supervisão cotidiana do conjunto dos equipamentos e evitando, assim, o acúmulo de um grande número de falhas menores, que poderiam ter consequências maiores com o passar do tempo.

As inspeções são realizadas com determinada sequência, de maneira que o inspetor percorra um caminho previamente estabelecido chamado roteiro.

As anormalidades identificadas durante a inspeção de ronda são registradas em um sistema ou banco de dados, permitindo o seu controle até que sejam planejadas as atividades que irão restabelecer, quando executadas, a condição normal do equipamento.

3.1.6. Roteiro de Ronda

É o caminho previamente estabelecido entre os equipamentos e as instalações de uma determinada área.

3.1.7. Sentidos

É o que nos propiciam os relacionamentos com o ambiente em que estamos. Através dos sentidos nosso corpo percebemos o que está ao nosso redor e isto nos ajuda a sobreviver e integrar com o ambiente em que vivemos.

É por meio dos sentidos que o inspetor de manutenção industrial consegue perceber e identificar quaisquer anormalidades nos equipamentos e componentes.

- **Audição** → Utilizada para avaliar qualquer ruído anormal que o equipamento ou componente possa apresentar.
- **Visão** → Utilizada para perceber qualquer irregularidade visual a qual o equipamento ou componente possa estar sendo submetido.
- **Tato** → Utilizado para sentir toda e qualquer anormalidade quanto ao comportamento do equipamento ou componente, que se difere das condições normais de operação.
- **Olfato** → Utilizado para identificar qualquer odor diferente das condições normais de operação de qualquer equipamento ou componente.
- **Paladar** → É o sentido menos utilizado pelo inspetor de manutenção industrial, porém em alguns casos é ele que nos auxilia na detecção de possíveis vazamentos onde se trabalha com produtos químicos ou gases aos quais não podemos ver

a olho nu, onde as exposições a estes produtos causam um sabor desigual, altamente percebido pelo paladar.

3.1.8. Período

É o intervalo determinado para a execução da repetição da inspeção em determinado ponto de um equipamento ou componente.

3.1.9. Configuração de ronda

É o segmento onde a área da manutenção agrupa as atividades de inspeção de ronda que têm um tratamento comum, tais como área geográfica, modalidade, condição de processo, entre outros.

3.1.10. Regime

É o segmento ao qual se permite classificar o tipo da intervenção de ronda.

Que pode ser

- Inspeção com o equipamento parado, sem desmontagem, onde a atividade final não é previamente planejada.
- Inspeção com o equipamento funcionando, e a atividade final não é previamente planejada.

3.1.11. Variável de controle

É o indicador ao qual é avaliada a condição (estado) do elemento de máquina a ser inspecionado.

3.1.12. Balanceamento

É a distribuição de forma uniforme das diversas atividades nas listas que compõem o ciclo da configuração.

3.2. Conceitos Éticos

A ética sempre deverá estar presente em todas as profissões. Com o inspetor de manutenção industrial isso não é diferente.

Entretanto, para que um inspetor de manutenção industrial tenha sucesso em suas funções e atividades, é extremamente necessário que o mesmo seja dotado de competências que o diferem dos demais profissionais.

Competência é um saber agir responsável e reconhecido, que implica mobilizar, integrar, transferir reconhecimentos, recursos e habilidades que agreguem valor econômico à organização e valor social ao indivíduo.

Algumas competências de que este profissional precisa ser dotado ou necessita desenvolver no seu dia a dia para garantir a evolução da correta aplicação de suas atividades

3.2.1. Conhecimento

Conhecimento é o saber, é o que sabemos, mas não necessariamente colocamos em prática.

3.2.2. Habilidade

Habilidade é o saber fazer, é o que praticamos e temos experiências e domínio sobre.

3.2.3. Atitude

Atitude é o querer fazer; são as características pessoais que nos levam a praticar, ou não, o que conhecemos e sabemos.

3.2.4. Disciplina

Disciplina é o saber seguir as diretrizes e respeitar os limites determinados e cumprir com o que foi combinado.

3.2.5. Motivação

Motivação é aquilo que nos motiva a tomar uma atitude a realizar uma ação com prazer e sabedoria.

3.2.6. Superação

Superação é a força que temos de não deixar que nenhum obstáculo ou nenhuma dificuldade nos faça desistir.

3.2.7. Inovação

Inovar é a força que temos de buscar o que é novo, o que é moderno, o que nos dá melhores condições em tudo o que fazemos.

3.2.8. Comunicação

Comunicar é a arte de informar, de fazer com que todas as pessoas conheçam e saibam o que foi, está ou será realizado.

3.2.9. Respeito

Respeitar é a arte de saber conviver com as diferenças, de entender que somos diferentes, e que apesar disso podemos conviver juntos.

3.2.10. Gratidão

Gratidão é a arte de saber reconhecer os esforços dos outros, de conseguir externar a ajuda recebida.

4. PROGRAMA DE INSPEÇÃO

Baseado nos tipos de máquinas, equipamentos e componentes que se está utilizando e dependendo das capacidades e finalidades de equipamentos especializados, elabora-se um programa de inspeção no sentido de identificar as possíveis irregularidades que impedem as máquinas de atenderem aos requisitos da produção, determinando, assim, um calendário de verificações periódicas e regulares, de acordo com a frequência do uso e volume de produção preestabelecido.

Existem várias formas de elaboração de um programa de inspeção, em que o que se difere entre eles é única e exclusivamente a necessidade de cada segmento de obter seus resultados de acordo com o nível de qualidade que se pretende adquirir, de forma que o software desenvolvido para tal programa deve conter as variáveis que o cliente solicitar de acordo com suas respectivas necessidades.

A seguir, alguns mínimos itens básicos para a elaboração de um programa de inspeção para que se possa atender à necessidade do inspetor de manutenção industrial para que seu trabalho possa ser desempenhado com qualidade e segurança.

4.1. Descrição do Equipamento

Baseado em informações constantes no manual do fabricante, abrem-se fichas individuais, com dados técnicos das máquinas, equipamentos ou componentes.

4.2. Frequência das Inspeções

A frequência das inspeções pode ser determinada por diversos fatores:

- ❑ **Grau ou profundidade da intervenção** → deve-se levar em conta a experiência adquirida no passado, optando-se por executar a inspeção parcial ou total.
- ❑ **Origem do equipamento** → deve ser considerada a procedência do equipamento, se é de fabricação nacional ou importada, visto que o nacional permite maiores facilidades na obtenção de peças de reposição.
- ❑ **Idade dos equipamentos** → os equipamentos mais antigos estão mais sujeitos a falhas,devido à fadiga e ao envelhecimento dos componentes.
- ❑ **Condições de trabalho** → existem equipamentos que não podem ficar parados ou devem obedecer ao horário de funcionamento preestabelecidos pelo cliente.

4.3. Itens a Inspecionar

De acordo com as informações do manual técnico do fabricante e pela experiência adquirida do profissional, procura-se estabelecer os itens das máquinas, equipamentos ou componentes que devem ser inspecionados.

Esta definição vai permitir o correto planejamento das atividades pertinentes às supostas anormalidades encontradas.

A seguir, uma prévia de alguns dos itens que fazem parte de uma listagem de inspeções de determinadas máquinas, equipamentos ou componentes.

Exemplos típicos de atividades de inspeção de ronda:

a. Inspecionar vazamento;
b. inspecionar aquecimento;
c. inspecionar sujeira;
d. inspecionar empeno;
e. inspecionar deformação;
f. inspecionar trinca;
g. inspecionar ruído;
h. inspecionar centelhamento;
i. inspecionar desgaste;
j. inspecionar folga;
k. inspecionar vibração;
l. inspecionar nível;
m. inspecionar condição de funcionamento;
n. inspecionar condição do aterramento;
o. inspecionar condição da lubrificação;
p. analisar o odor;
q. entre outros.

4.4. Dispositivos de Apoio

Para realizar uma inspeção técnica que atenda aos objetivos propostos pela função e garanta uma continuidade operacional e o perfeito ciclo da cadeia produtiva, nem sempre o inspetor terá total acesso aos equipamentos e pode necessitar de algum atributo que o auxilie na identificação de alguma anormalidade a qual seus sentidos podem não estar bem aguçados.

Nestes casos, o inspetor pode contar com o auxílio de alguns dispositivos que o permitam identificar, verificar e analisar as condições dos equipamentos para garantir uma correta inspeção.

Os equipamentos de auxílio ao inspetor mais comumente utilizados são:

a. Termo visor:

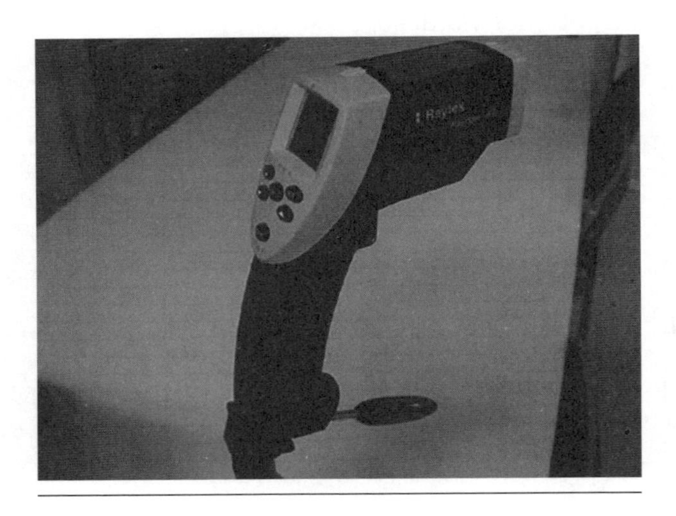

Utilizado para medir a temperatura do componente.

b. Estetoscópio:

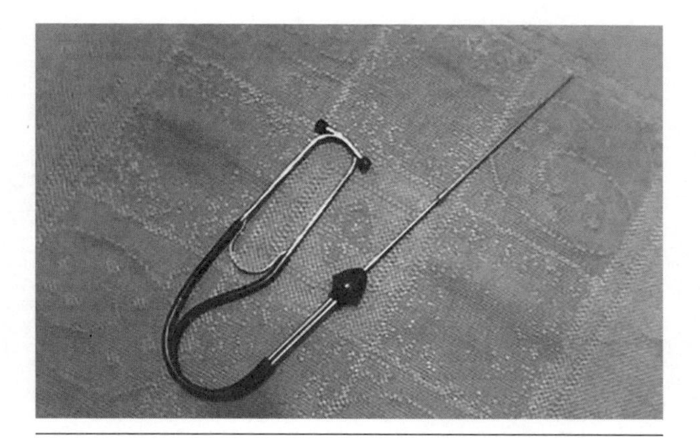

Utilizado para ouvir os ruídos minuciosos dos elementos de máquinas.

c. Caneta de vibração:

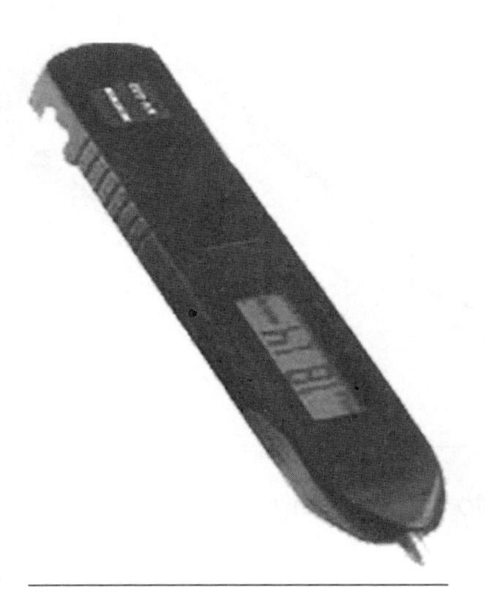

Utilizada para medir a vibração dos equipamentos e componentes.

d. Lanterna:

Utilizada para facilitar a visibilidade do inspetor.

e. Espelho:

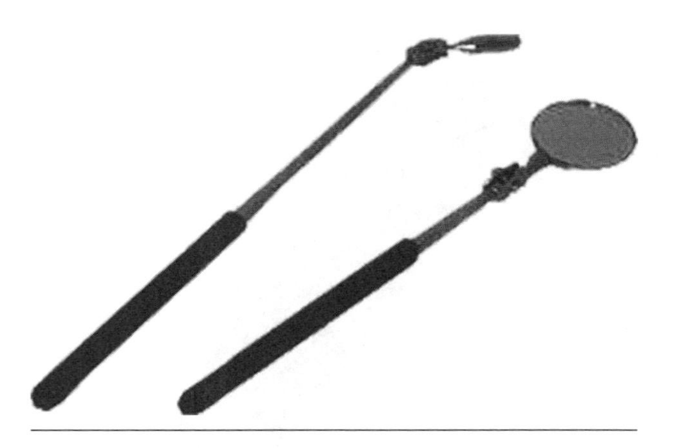

Utilizado para visualizar áreas de difícil contato visual.

f. Prancheta:

Utilizada como suporte de apoio para anotações das observações do inspetor.

g. Caneta:

Utilizada para anotar as observações do inspetor:

h. Malha de tecido:

Utilizada para limpeza do local a ser inspecionado.

5. SEGURANÇA

Para a verificação correta das condições de operação de máquinas, equipamentos ou componentes, na maioria dos casos, é extremamente necessário que o inspetor de manutenção industrial se aproxime das máquinas em movimento, expondo-se, assim, a vários riscos que podem ser potencialmente graves.

Como hoje uma das maiores metas das indústrias é o "Acidente Zero", devemos garantir a total segurança do inspetor de manutenção industrial, de forma que ele possa realizar todas as suas atividades com eficiência e segurança.

Uma das formas de eliminar os riscos aos quais os profissionais possam estar expostos é a aplicação da manutenabilidade dos equipamentos, o que permite acessos seguros e facilidade de realização das atividades, padronização, manobrabilidade, simplicidade de operação, visibilidade acessível, entre outras facilidades.

No entanto, dentre todos os artifícios destinados a garantir a segurança dos profissionais, nenhum é mais eficiente do que a própria consciência e entendimento do profissional em reconhecer os riscos aos quais esta exposto e a necessidade de desenvolver autoanálise das atividades que irá executar.

Seguem algumas recomendações básicas de segurança, para que se utilizem como melhores práticas diante da realização das atividades a fim de minimizar os riscos.

5.1. Recomendação de Segurança

1. Isolar e sinalizar bem o local.
2. Utilizar cinto de segurança preso com dois talabartes.
3. Não permanecer sob carga suspensa.
4. Não arremessar materiais ou ferramentas.
5. Manter uma postura defensiva e correta.
6. Informar aos operadores sobre sua presença no local.
7. Inspecionar dispositivos e ferramentas a serem utilizados nas atividades.
8. Cuidado ao transitar entre os equipamentos.
9. Ao subir ou descer escadas, fazer uso do corrimão.
10. Em caso de vazamentos de líquidos ou gases, evadir-se do local.
11. Evitar ao máximo o improviso.
12. Muita atenção e cuidado ao manusear as ferramentas e peças.
13. Atentar-se para os avisos específicos pertinentes a cada área.

14. Garantir que todas as fontes de energia perigosas foram desligadas e bloqueadas.
15. Inspecionar os andaimes e plataformas antes de subir.
16. Manter uma comunicação clara e eficiente.
17. Cuidado ao trabalhar próximo a equipamentos quentes.
18. Garantir que a tubulação esteja drenada e despressurizada.
19. Eliminar o residual de pressão da tubulação.
20. Garantir que o equipamento esteja bem preso antes de içá-lo.
21. Preparar linha de vida caso não haja ponto de prender o cinto de segurança.
22. Recolher materiais que se encontram espalhados pela área.
23. Cuidado com as diferenças de níveis entre os equipamentos e estruturas.
24. Cuidado e atenção com pisos e áreas úmidas.
25. Quando içar qualquer equipamento ou peça, somente colocar as mãos após se certificar de que o equipamento está parado e próximo ao local a ser instalado.
26. Não permanecer no raio de ação dos cabos e cintas quando içar equipamentos ou peças.
27. Utilizar máscaras para áreas em que se trabalha com gases.
28. Utilizar luvas de segurança (raspa ou nitrílica).
29. Utilizar óculos de segurança (normal ou ampla visão).
30. Utilizar capacete de segurança com jugular.

31. Utilizar perneira de segurança.
32. Demais orientações quanto a intempéries da natureza ou algum detalhe não citado nesta recomendação deverão ser acrescentados à ART.

"Nenhuma atividade é tão urgente ou serviço é tão importante que não possa ser realizado com segurança..."

6. FUNÇÕES DO INSPETOR DE MANUTENÇÃO INDUSTRIAL

Como toda atividade de manutenção, o inspetor de manutenção industrial possui diversas atribuições durante o seu dia a dia que complementa sua rotina e efetiva toda a sistemática de manutenção preditiva sensitiva.

A seguir, serão listadas algumas atividades básicas de responsabilidade do inspetor de manutenção industrial:

a. Participar da reunião diária de segurança.

b. Ler o relatório do plantão.

c. Impressão da listagem de ronda.

d. Realizar a inspeção de ronda, avaliando o comportamento dos equipamentos, componentes e elementos de máquinas.

e. Conversar com os operadores, a fim de identificar alguma mudança no processo ou comportamento dos equipamentos.

f. Retornar com as informações encontradas para o sistema, detalhando as anormalidades encontradas.

g. Abrir solicitações de serviços pertinentes às irregularidades encontradas, mensurando tempo, mão de obra, material, entre outros dados técnicos.

h. Acompanhar a execução das atividades programadas conforme as irregularidades encontradas.

i. Solicitar material para substituição.

j. Solicitar envio de materiais para reparo quando necessário.

k. Realizar revisão da sistemática da inspeção de ronda, readaptando os períodos, regimes, variáveis, entre outros.

l. Desenvolver e propor melhorias nos equipamentos.

m. Participar de reunião de segurança.

n. Participar de reuniões de programações de manutenções programadas.

o. Participar das elaborações das análises de falhas.

p. Registrar as ocorrências de falhas no sistema.

q. Participar de treinamentos específicos e corporativos.

r. Realizar testes nos equipamentos após as intervenções.

s. Retirar dúvidas técnicas dos executantes das atividades de intervenções.

t. Avaliar e criticar as solicitações operacionais.

u. Estudar as particularidades dos equipamentos, componentes e elementos de máquinas.

v. Solicitar revisões dos desenhos técnicos e diagramas.

w. Ser multiplicador das culturas empregadas pela empresa.

x. Analisar laudos de terceiros (reparo e preditiva precisa).

y. Ser o link entre operação e execução da manutenção.

z. Ser o comunicador junto à operação sobre as condições atuais dos equipamentos.

a.1) Elaborar procedimentos de execução das atividades.

b.1) Participar da elaboração das análises de riscos das atividades.

c.1) Contribuir com informações para elaboração dos indicadores da manutenção.

Obs.: Para que o inspetor de manutenção industrial possa seguir corretamente todas as suas atribuições, conforme citado acima, é necessário que o ele tenha a sua inteira disposição um banco de dados para armazenar as informações coletadas. Para tal, existem softwares específicos para o gerenciamento desta modalidade, ou até mesmo qualquer banco de dados que seja passivo de consulta e emissão de relatórios.

Outra particularidade das funções do inspetor de manutenção industrial é a sua postura profissional, a qual o mesmo deve manter diante de todas as supostas avaliações e análises a que os equipamentos devem ser submetidos. De acordo com a postura deste profissional, destacam-se as seguintes condições:

a. **Atenção** → o inspetor deve sempre estar atento a quaisquer condições adversas que porventura venham a ocorrer no comportamento do equipamento.

b. **Desconfiar** → o inspetor deve sempre desconfiar de comportamentos intermitentes dos equipamentos a fim de perceber as possíveis falhas ocultas dos componentes e elementos de máquinas.

c. **Duvidar** → o inspetor deve sempre duvidar das informações recebidas referentes ao comportamento dos equipamentos, principalmente no que diz respeito a falhas que desapareceram sem nenhuma intervenção.

d. **Atitude** → o inspetor deve sempre tomar alguma atitude rápida sempre que detectar alguma anormalidade ou irregularidade no comportamento dos equipamentos e componentes.

e. **Conferir** → o inspetor deve sempre conferir novamente o diagnóstico definido para a detecção de toda e qualquer anormalidade, bem como os valores de ajustes dos componentes e elementos de máquinas dos equipamentos.

f. **Obedecer** → o inspetor deve obedecer a todas as normas, diretrizes, códigos de éticas e procedimentos da empresa destinados a segurança, meio ambiente, comportamento, postura e relacionamentos.

g. **Observar** → o inspetor deve sempre observar o comportamento dos equipamentos e componentes com o intuito de identificar alguma incoerência na sua condição ideal de operação, não se limitando a uma única vistoria durante a realização da lista de ronda.

h. **Conhecer** → o inspetor deve conhecer o princípio de funcionamento dos equipamentos para que possa ter condições de identificar quaisquer irregularidades durante seu funcionamento.

i. **Entender** → o inspetor deve entender todo o processo operacional para que possa ter condições de avaliar possíveis falhas e definir se são de manutenção ou pertinentes às falhas de operação.

j. **Relatar** → o inspetor deve relatar a seus superiores e colaboradores operacionais as condições atuais dos equipamentos a fim de que, ao conhecer tais condições, seus superiores possam tomar alguma decisão que requeira uma escala hierárquica superior e/ou para que os operadores possam redobrar suas atenções diante de alguma condição insegura.

k. **Evitar** → o inspetor deve evitar que o equipamento continue operando em condições precárias e possa colocar em risco a segurança dos operadores e ao meio ambiente em função de qualquer condição insegura.

l. **Impedir** → o inspetor deve impedir que o equipamento volte a operar sem suas condições normais de segurança e/ou sem condições de garantir uma confiabilidade desejada (salvo por determinações de uma escala hierárquica superior).

m. **Estudar** → o inspetor deve manter seus conhecimentos atualizados através de estudos aprofundados referentes aos detalhes técnicos dos equipamentos e componentes para garantir seu amplo domínio sobre as detecções das possíveis falhas e avarias ocultas.

n. **Cumprir** → o inspetor deve cumprir com cem por cento de sua rotina de inspeção sem deixar de realizar os pontos de inspeção por quaisquer que sejam os motivos ou ao menos informar aos superiores imediatos a não execução dos mesmos.

o. **Zelar** → o inspetor deve zelar pela integridade física das máquinas, equipamentos e componentes.

p. **Propor** → o inspetor deve avaliar e propor melhorias contínuas nos equipamentos, a fim de aumentar sua disponibilidade, confiabilidade e manutenabilidade.

q. **Otimizar** → o inspetor deve avaliar as condições dos equipamentos para otimizar os recursos com o intuito de reduzir os custos da organização.

Com a realização diária de todas as atividades destinadas ao inspetor de manutenção industrial, de forma correta e coerente, é possível contribuir significativamente para que se possam atingir as metas destinadas à manutenção, principalmente uma disponibilidade satisfatória e uma confiabilidade oportuna de todos os sistemas funcionais de uma determinada unidade de produção.

7. INSPEÇÕES E ANÁLISES TÉCNICAS DOS COMPONENTES E EQUIPAMENTOS

Também fazem parte do patrimônio da empresa os equipamentos, pois são eles que transformam as matérias-primas em produtos acabados.

É de extrema importância que as organizações possuam uma inspeção viável e eficaz que possa prolongar e fiscalizar o funcionamento dos equipamentos da organização, com o intuito de evitar falhas e quebras em máquinas e instalações e, por conseqüência, evitar eventuais paradas na produção e perda de competitividade.

A avaliação do estado dos equipamentos se dá através da avaliação e monitoramento da condição, a qual se utiliza dos sentidos, ou seja, a visão, a audição, o tato, o olfato e o paladar, a fim de perceber as variáveis do comportamento dos equipamentos.

Para que se possa atingir um alto percentual de disponibilidade com confiabilidade dos ativos com a inspeção técnica sensitiva, os gerentes e coordenadores devem investir no desenvolvimento técnico de sua equipe de manutenção e inspeção. Selecionar os profissionais que mais se identificam com as técnicas a serem aplicadas e aprimorar aqueles que estão comprometidos com a sistemática a fim de evoluir na detecção de defeitos e avaliações de seus diagnósticos para que consigam atingir o objetivo durante uma inspeção sensitiva.

Atingir o alvo é o grande desafio destes profissionais; detectar o ponto primordial do início de um defeito é o ápice dos profissionais envolvidos e direcionados para desenvolver esta ferramenta estratégica simples, barata e altamente eficaz para toda a gestão da manutenção.

A seguir serão detalhados alguns dos componentes e elementos de máquinas mais comuns usualmente, passíveis de acompanhamento e monitoramento da condição de funcionamento.

7.1. Caldeiras

Caldeira é um recipiente cuja função é, entre muitas, a produção de vapor através do aquecimento da água. As caldeiras produzem vapor para alimentar máquinas térmicas, autoclaves para esterilização de materiais diversos, cozimento de alimentos e de outros produtos orgânicos, calefação ambiental e outras aplicações do calor utilizando-se o vapor.

As caldeiras são consideradas pela Norma Regulamentadora 13 como um Vaso de Pressão.

Vasos de Pressão são equipamentos que contêm fluidos sob pressão interna ou externa diferente da atmosférica.

7.1.1. Tipos de Caldeiras

7.1.1.1. Caldeira Flamotubular

As caldeiras de tubos de fogo ou tubos de fumaça, flamotubulares ou ainda gases-tubulares são aquelas em que os gases provenientes da combustão "fumos" (gases quentes e/ou gases de exaustão) atravessam a caldeira no interior de tubos que se encontram circundados por água, cedendo calor à mesma.

7.1.1.2. Caldeira Vertical

Os tubos são colocados verticalmente num corpo cilíndrico, fechado nas extremidades por placas chamadas espelhos. A fornalha interna fica no corpo cilíndrico, logo abaixo do espelho inferior. Os gases de combustão sobem através de tubos, aquecendo e vaporizando a água que se encontra externamente aos mesmos. As fornalhas externas são utilizadas principalmente para combustíveis de baixo teor calorífico. Podem ser de fornalha interna ou externa.

7.1.1.3. Caldeira Horizontal

Esse tipo de caldeira abrange várias modalidades, desde as caldeiras cornuália e lancashire, de grande volume de água, até as modernas unidades compactas.

As principais caldeiras horizontais apresentam tubulações internas, por onde passam os gases quentes.

Podem ter de 1 a 4 tubos de fornalha. As de 3 e 4 são usadas na marinha.

7.1.1.4. Caldeira Cornuália

Fundamentalmente consiste de 2 cilindros horizontais unidos por placas planas. Seu funcionamento é bastante simples, apresentando, porém, baixo rendimento. Para uma superfície de aquecimento de $100m^2$, já apresenta grandes dimensões, o que provoca limitação quanto à pressão; via de regra, a pressão não deve ir além de $10kg/cm^2$.

7.1.1.5. Caldeira Lancashire

É constituída por duas (às vezes 3 ou 4) tubulações internas, alcançando superfície de aquecimento de 120 a 140 metros quadrados. Atingem até 18 kg de vapor por metro quadrado de superfície de aquecimento. Este tipo de caldeira está sendo substituída gradativamente pelas mais atualizadas.

7.1.1.6. Caldeira Multitubular de Fornalha Interna

Como o próprio nome indica, possui vários tubos de fumaça. Podem ser de três tipos:

- **Tubos de fogo diretos:** os gases percorrem o corpo da caldeira uma única vez.
- **Tubos de fogo de retorno:** os gases provenientes da combustão na tubulação da fornalha circulam pelos tubos de retorno.
- **Tubos de fogo diretos e de retorno:** os gases quentes circulam pelos tubos diretos e voltam pelos de retorno.

7.1.1.7. Caldeira a Vapor

A água passa por um recipiente (caldeira) que é esquentado, transformando-se em vapor.

Foi projetada em 1708 (sec. XVIII), no período da Revolução Industrial, por Thomas Newcomen, a fim de retirar a água depositada no interior das minas de carvão, permitindo a mineração do carvão.

7.1.1.8. Caldeira Multitubular de Fornalha Externa

Em algumas caldeiras deste tipo a fornalha é constituída pela própria alvenaria, situada abaixo do corpo cilíndrico. Os gases quentes provenientes da combustão entram inicialmente em contato com a base inferior do cilindro, retornando pelos tubos de fogo.

7.1.1.9. Caldeira Escocesa

Esse tipo de caldeira foi concebido para uso marítimo, por ser bastante compacta. São concepções que utilizam tubulação e tubos de menor diâmetro. Os gases quentes, oriundos da combustão verificada na fornalha interna, podem circular em 2,3 e até 4 passes.

Todos os equipamentos indispensáveis ao seu funcionamento são incorporados a uma única peça, constituindo-se, assim, num todo transportável e pronto para operar de imediato. Essas caldeiras operam exclusivamente com óleo ou gás, e a circulação dos gases é feita por ventiladores.Conseguem rendimentos de até 83%.

7.1.1.10. Caldeira Locomotiva e Locomóvel

Como o próprio nome já diz, nas caldeiras Locomotivas o vapor gerado serve para movimentar a própria caldeira (e os vagões). Praticamente fora de uso hoje em dia, por usar carvão ou lenha como combustível, a caldeira locomóvel é tipo multitubular, apresentando uma dupla parede metálica, por onde circula a água do próprio corpo. São de largo emprego pela facilidade de transferência de local e por proporcionarem acionamento mecânico em lugares desprovidos de energia elétrica. São construídas para pressão de até 21kg/cm² e vapor superaquecido.

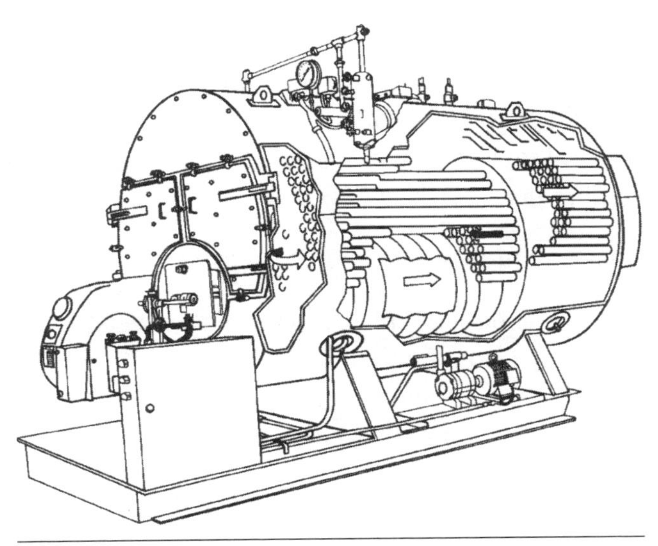

Ilustração de uma caldeira.

7.1.2. Tipos de Combustíveis para Caldeiras

Existem diversos tipos de combustíveis para alimentar as caldeiras. Entre eles os mais comumente usados são:

- Gás Natural.
- Lenha.
- Cavaco.
- Óleos diversos.
- Biomassa.
- Resíduos de pneus triturados, entre outros.

7.1.3. Componentes Auxiliares da Caldeira

A grande maioria das caldeiras deve ser dotada dos seguintes itens:

a. Sistema de Válvula de segurança com pressão de abertura ajustada em valor igual ou inferior à pressão máxima de trabalho admissível - PMTA, considerados os requisitos do código de projeto relativos a aberturas escalonadas e tolerâncias de calibração.

b. Instrumentos que indique**m** a pressão do vapor acumulado.

c. Sistema independente de alimentação de água composto por bombas e com intertravamento que evite o seu superaquecimento, para caldeiras de combustível sólido não atomizado ou com queima em suspensão.

d. Sistema dedicado de descarga e drenagem rápida de água, com ações automáticas após acionamento pelo operador.

e. Sistema automático de controle do nível de água com intertravamento, que evite o superaquecimento por alimentação deficiente o qual se compõe de uma garrafa de nível em aço carbono, um jogo de visor de nível em bronze e um jogo de eletrodos para controle automático (painel de comando elétrico integrado) eletrobomba.

f. Sistema de controle de pressão com manômetro de alta qualidade, instalado e localizado de maneira a permitir leituras rápidas e precisas; acoplado a um amortecedor de choque.

g. Corpo composto por um casco cilíndrico horizontal constituindo estrutura básica da Caldeira, do tipo monobloco.

h. Sistema de queima composto por um queimador ou uma fornalha.

i. Feixe de tubos ASTM responsável por transportar a água e os vapores.

j. Caixa coletora de gases para acesso e limpeza dos tubos e possui internamente um defletor para distribuição homogênea do fluxo de gases através do feixe de tubos.

k. Isolamento Térmico para proteção externa composto por chapa metálica com acabamento antioxidante e estético.

l. Chaminé de altura compatível a uma exaustão perfeita por tiragem forçada.

m. Sistema de exaustão composto por motor, exaustor, dutos e estrutura.

7.1.4. Inspeção de Caldeiras

As caldeiras, por se enquadrarem como um vaso de pressão, são obrigadas a serem submetidas à avaliação de integridade prevista na Norma Regulamentadora 13.

Esta avaliação, ou análise técnica, e respectivas medidas de contingências para eliminação das irregularidades, também chamada de inspeção, somente terão valor legal se forem realizadas por um PH (profissional habilitado).

A Norma Regulamentadora 13 considera Profissional Habilitado - PH aquele que tem competência legal para o exercício da profissão de engenheiro nas atividades referentes a projeto de construção, acompanhamento, operação e manutenção, inspeção e supervisão de inspeção de caldeiras, vasos de pressão e tubulações, em conformidade com a regulamentação profissional vigente no País.

De acordo com a Norma Regulamentadora 13 (NR13), toda caldeira deve ser submetida a inspeções iniciais, periódicas e extraordinárias, a qual reforçamos que deve ser realizada somente pelo PH (profissional habilitado).

7.1.4.1. Inspeção Inicial

Deve ser realizada em caldeiras novas, antes que a mesma entre em funcionamento, devendo compreender:

- Avaliação Interna.
- Teste de Estanqueidade.
- Avaliação Externa.

Toda caldeira deve obrigatoriamente ser submetida ao Teste Hidrostático, com comprovação realizada por meio de laudo assinado pelo profissional habilitado (PH), o qual deverá conter o valor da pressão do teste afixado em sua placa de identificação.

7.1.4.2. Inspeção Periódica

A inspeção periódica é constituída por exames internos e externos e deve ser executada nos seguintes prazos máximos:

- 12 (doze) meses para caldeiras das categorias A, B e C;
- 15 (quinze) meses para caldeiras de recuperação de álcalis de qualquer categoria;
- 24 (vinte e quatro) meses para caldeiras da categoria A, desde que aos 12 (doze) meses sejam testadas as pressões de abertura das válvulas de segurança;
- 40 (quarenta) meses para caldeiras especiais.

Quando uma caldeira completa 25 anos de operação, ela deve, em sua inspeção subsequente, ser submetida a uma avaliação de integridade com maior critério para determinar a sua condição atual de vida e garantir a continuidade operacional do ativo, a fim de dar sequência à cadeia produtiva, bem como definir novos prazos máximos para novas inspeções, caso a caldeira ainda possa trabalhar.

Todas as válvulas de segurança instaladas nas caldeiras devem ser inspecionadas periodicamente pelo menos uma vez por mês, mediante o acionamento manual da alavanca e com a caldeira em operação. Periodicamente as válvulas de segurança também devem ser calibradas por um órgão credenciado, o qual deverá emitir um laudo da respectiva calibração.

Todas as válvulas flangeadas devem ser desmontadas, inspecionadas e testadas em bancadas, com uma frequência compatível com o histórico operacional das mesmas. Quando a válvula for soldada, o mesmo procedimento deverá ser realizado na área onde ela se encontra montada.

Durante a inspeção periódica, também deve ser avaliada a condição dos feixes de tubos, os quais devem estar perfeitos, sem fuga ou vazamentos. Estes testes são realizados através de análises hidrostáticas, que identifica a existência de vazamentos. Quando detectado algum vazamento, o tubo deve ser substituído e/ou, dependendo da necessidade, tamponado e inutilizado. Usualmente não se recomenda tamponar mais do que 10% dos tubos, embora esta decisão fique a critério do PH (profissional habilitado).

Outro fator que não pode passar despercebido é a condição estrutural dos isolamentos refratários internos, os quais garantem a manutenção da temperatura atingida pela caldeira. Este isolamento refratário não pode, em hipótese alguma, ter trincas ou rachaduras que comprometam a integridade física do interior do equipamento.

7.1.4.3. Inspeção Extraordinária

Esta inspeção deve ser realizada quando a caldeira apresentar qualquer uma das oportunidades listadas a seguir:

- Sempre que ocorrer um acidente com a caldeira a ponto de danificá-la e/ou a qualquer um de seus componentes internos.
- Quando a caldeira for submetida a algum reparo, modificação e/ou alterar suas condições de segurança.
- Antes de colocar a caldeira em funcionamento, quando a mesma permanecer inoperante por um período igual ou superior a 6 (seis) meses.
- Quando a caldeira sofrer alguma mudança de local de instalação.

Sempre após a inspeção, o PH (profissional habilitado) deverá emitir o laudo técnico descrevendo a condição atual da caldeira, com seu parecer técnico, juntamente com as irregularidades listadas e seu plano de ação para posterior correção.

7.1.4.4. Inspeção Diária

Além de todos os critérios legais citados acima, os quais fazem parte da Norma Regulamentadora 13, também existe a inspeção diária, que deve ser executada por um inspetor técnico do corpo de manutenção da própria empresa detentora da caldeira, não sendo necessário o acompanhamento de um PH (profissional habilitado).

Esta inspeção serve para avaliar as condições operacionais da caldeira em seu dia a dia e garantir seu perfeito funcionamento e seu maior rendimento operacional.

Durante esta inspeção, o inspetor deve observar os seguintes pontos a fim de avaliar a condição de funcionamento e buscar a detecção de defeitos que posteriormente possam se tornar falhas e comprometer a produção da caldeira.

a. **Vazamentos:** a inspeção deve garantir que não exista nenhum foco de vazamento no corpo da caldeira e nem em seus periféricos. Todo vazamento, além de ser um indício de desperdício, também é um foco de que alguma coisa não está correta e/ou algum componente não está desempenhando bem o seu papel. Sendo assim, deve ser observada a existência de vazamentos de vapor na tubulação, no corpo da caldeira, vazamentos de água nas tubulações e no corpo da caldeira, bem como nas válvulas e nos demais componentes.

b. **Pressão de Trabalho:** este item se faz extremamente necessário, pois é através dele que podemos observar tanto o rendimento da caldeira quanto a eficácia das válvulas de segurança. Para isso, durante a avaliação, o inspetor deve observar se as pressões estão dentro dos parâmetros projetados para o equipamento e dentro da necessidade de consumo operacional.

c. **Isolamento Térmico:** dois fatores primordiais levam o inspetor a dar uma atenção especial para este item. O isolamento, além de garantir a segurança dos operadores pelo fato de impedir o contato direto com o corpo da caldeira para evitar queimaduras, também serve como barreira térmica para impedir a dissipação do calor, mantendo a temperatura gerada pela caldeira. Devido a esses fatores, o isolamento não pode estar rompido e/ou danificado.

d. **Nível de Água:** para que se tenha um bom funcionamento e possa se garantir a segurança da operação da caldeira, é necessário sempre observar o nível de água da garrafa, uma vez que a falta de água pode prejudicar toda a estrutura da caldeira. Este respectivo nível de água deve sempre estar entre as demarcações de máximo e mínimo.

e. **Sistema de Exaustão:** a inspeção no sistema de exaustão consiste em avaliar a condição de funcionamento dos equipamentos, tais como mancais, rolamentos, rotores, motores e estruturas, onde os quesitos que devem ser avaliados são: fixações, ruídos, temperaturas, vazamentos, vibrações, trincas, rupturas, desgastes e lubrificação.

f. **Chaminé:** para inspecionar a chaminé, deve-se observar sua fixação, a limpeza interna, o desgaste estrutural.

g. **Sistema de Bombeamento de Água:** este sistema consiste geralmente em duas bombas que bombeiam a água para a caldeira de acordo com a necessidade de reposição. A inspeção destas bombas consiste em avaliar as suas condições de funcionamento, observando-se a existência de vazamentos, ruídos, vibrações, temperatura, lubrificação, fixações e pressão.

Como toda rotina de inspeção, após as análises sensitivas e detecção de quaisquer anomalias, todas devem ser relatadas e encaminhadas para correção enquanto ainda apresentam apenas defeitos, com o intuito de evitar que se transformem em falhas e venham a comprometer o rendimento e/ou funcionamento das caldeiras.

7.2. Tubulações

Tubulação é um conjunto de tubos e acessórios voltados ao processo industrial, principalmente para distribuição de fluidos como água, gases, óleos, vapores, lubrificantes e demais líquidos industriais.

As tubulações industriais são utilizadas em indústrias de processamento, químicas, petroquímicas, refinarias de petróleo, alimentícias, siderúrgicas, farmacêuticas e todos os demais processos industriais para transportar fluidos de uma entrada (bomba) para uma saída (reservatório).

As tubulações são compostas basicamente por:

a. Tubos:

- Com costura.
- Sem costura.
- Schedules diferenciados.

b. Acessórios:

- Conexões.
- Flanges.
- Juntas.
- Suportes.
- Fixações

Existem diversos tipos de acessórios os quais se diferem de acordo com sua aplicação.

Usualmente nas indústrias existem diversos tipos diferentes de utilização de tubulações para os mais variados processos, as quais podemos classificar de acordo com a relação a seguir:

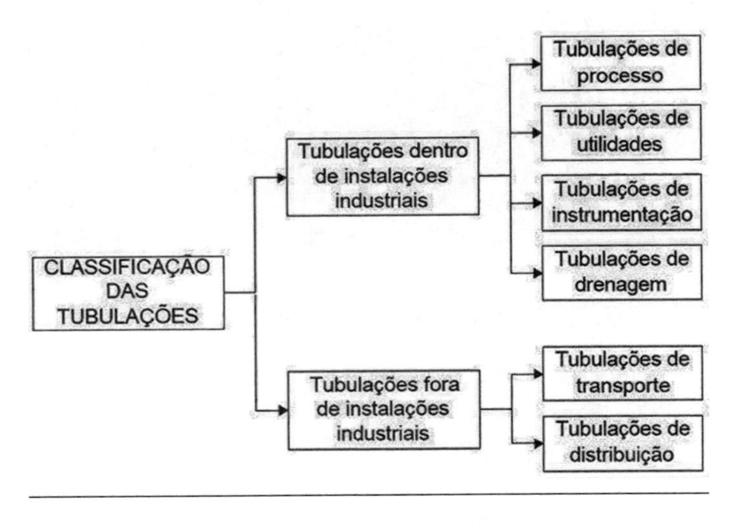

De acordo com a NBR 6493, as tubulações são identificadas por meio de cores. As cores destinadas à tubulação dependem do tipo de fluido a ser transportado por ela.

A tabela seguinte ilustra uma demonstração de cores para tubulações:

CORES PARA CANALIZAÇÕES (ABNT-NBR-6493)
VERMELHO (água e materiais para combate à incêndios)
VERDE FOLHA (água)
VERDE NILO (diferenciamento de água potável)
AZUL MAR (ar comprimido)
AMARELO (ácidos não liquefeitos)
LARANJA (ácidos)
MARROM (fluidos não identificados)
PLATINA (vácuo)
PRETO (inflamáveis e combustíveis de alta viscosidade)
CINZA ESCURO (eletrodos)
ALUMÍNIO (gases liquefeitos, inflamáveis e combustíveis de baixa viscosidade)
BRANCO (vapor)

Assim como as caldeiras, as tubulações também se enquadram como um vaso de pressão e são obrigadas a ser submetidas à avaliação de integridade prevista na Norma Regulamentadora 13.

As organizações devem possuir um programa e um Plano de inspeção que considerem, no mínimo, as variáveis, condições e premissas descritas a seguir:

- Os fluidos transportados;
- a pressão de trabalho;
- a temperatura de trabalho;
- os mecanismos de danos previsíveis;
- as consequências para os trabalhadores, instalações e meio ambiente trazidas por possíveis falhas das tubulações.

As tubulações devem ser rastreáveis segundo padronização definida pela organização e totalmente sinalizadas de acordo com as diretrizes da NR 26.

7.2.1. Inspeções Periódica das Tubulações

As tubulações devem ser submetidas a inspeções periódicas de acordo com a Norma Regulamentadora 13.

Os intervalos de inspeção das tubulações devem atender aos prazos máximos da inspeção interna do vaso ou caldeira mais crítica a elas interligadas, podendo ser ampliados pelo programa de inspeção elaborado por PH (profissional habilitado), fundamentado tecnicamente com base em mecanismo de danos e na criticidade do sistema, contendo os intervalos entre estas e os exames que as compõem, desde que essa ampliação não ultrapasse o intervalo máximo de 100% sobre o prazo da inspeção interna, limitada a 10 anos.

Os intervalos de inspeção periódica da tubulação não poderão exceder os prazos estabelecidos em seu programa de inspeção, consideradas as tolerâncias permitidas para as empresas que possuam equipe de inspeção própria que contenha o profissional habilitado.

O programa de inspeção poderá ser elaborado por tubulação, linha ou por sistema; no caso de programação por sistema, o intervalo a ser adotado deve ser correspondente ao da sua linha mais crítica.

As inspeções periódicas das tubulações devem ser constituídas de exames e análises definidas por PH, que permitam uma avaliação da sua integridade física de acordo com normas e códigos aplicáveis.

No caso de risco à saúde e integridade física dos trabalhadores envolvidos na execução da inspeção, a linha deve ser retirada de operação.

7.2.2. Inspeções Extaordinárias

Deve ser realizada inspeção extraordinária nas seguintes situações:

- sempre que a tubulação for danificada por acidente ou outra ocorrência que comprometa a segurança dos trabalhadores;
- quando a tubulação for submetida a reparo provisório ou alterações significativas, capazes de alterar sua capacidade de contenção de fluido;
- antes de a tubulação ser recolocada em funcionamento, quando permanecer inativa por mais de 24 (vinte e quatro) meses.

Após a inspeção de cada tubulação, sistema de tubulação ou linha, em até 90 (noventa) dias, deve ser emitido um relatório de inspeção, com páginas numeradas, que passa a fazer parte da sua documentação, que deve conter no mínimo:

- identificação da(s) linha(s) ou sistema de tubulação;
- fluidos de serviço da tubulação, e respectivas temperatura e pressão de operação;
- data de início e término da inspeção;
- tipo de inspeção executada;
- descrição dos exames executados;
- resultado das inspeções;
- parecer conclusivo quanto à integridade da tubulação até a próxima inspeção;
- recomendações e providências necessárias;
- data prevista para a próxima inspeção;

- nome legível, assinatura e número do registro no conselho profissional do PH;
- nome legível e assinatura dos técnicos que participaram da inspeção.

7.2.3. Inspeção Diária

Assim como nas Caldeiras, além de todos os critérios legais citados acima, que fazem parte da Norma Regulamentadora 13, também existe a inspeção diária, a qual deve ser executada por um inspetor técnico do corpo de manutenção da própria empresa detentora da tubulação, não sendo necessário o acompanhamento de um PH (profissional habilitado).

Esta inspeção serve para avaliar as condições operacionais das tubulações em seu dia a dia e garantir seu perfeito funcionamento e seu maior rendimento operacional.

Durante esta inspeção, o inspetor deve observar os seguintes pontos a fim de avaliar a condição de funcionamento e buscar a detecção de defeitos que posteriormente possam se tornar falhas e comprometer a eficácia da tubulação, impedindo assim a continuidade operacional.

a. **Vazamentos:** a inspeção deve garantir que não exista nenhum foco de vazamento ao longo da tubulação, quer seja no corpo dos tubos, válvulas, conexões, soldas, flanges, juntas de expansões, vedações, entre outros. Todo vazamento, além de ser um indício de desperdício, também é um foco de que algo não está correto e/ou algum componente não está desempenhando bem o seu papel. Sendo assim, deve ser observada a existência de vazamentos de fluidos ao longo de seus acessórios.

b. **Pressão de Trabalho:** em algumas tubulações do processo, este item se faz extremamente necessário, pois é através dele que podemos garantir o fluido necessário para a produção. Para isto, durante a avaliação, o inspetor deve observar nos respectivos manômetros se as pressões se encontram dentro dos parâmetros projetados para o equipamento e dentro da necessidade de consumo operacional.

c. **Isolamento Térmico:** dois fatores primordiais levam o inspetor a dar uma atenção especial para este item. O isolamento, além de garantir a segurança dos operadores pelo fato de impedir o contato direto com a tubulação e seus acessórios para evitar queimaduras que durante sua operação estará a uma temperatura muito alta, também serve como barreira térmica para impedir a dissipação do calor, mantendo a temperatura necessária gerada pela fonte. Devido a estes fatores, o isolamento não pode estar rompido e/ou danificado.

d. **Desgastes:** toda tubulação sofre com os desgastes, pois em alguns casos as tubulações são instaladas fora da área interna das indústrias, onde, além de sofrerem os desgastes comuns, ainda sofrem as ações do tempo, que são altamente agressivos para as tubulações. Desta forma, o inspetor deve observar a existência de trincas, rupturas, desgaste da pintura, oxidações, altamente prejudiciais para a estrutura das tubulações.

e. **Soldas:** são pontos cruciais para o bom desempenho das tubulações, pois são elas que garantem a união entre os tubos nos pontos onde não há necessidade de rigidez ou interseção. Devem-se observar as condições das soldas; embora as soldas sejam inspecionadas durante sua execução e fusão, ao longo do tempo defeitos podem surgir e prejudicar o bom desempenho das tubulações. O inspetor deve observar a existência de trincas, rupturas, desgastes provocados por abrasivos, oxidações, entre outras imperfeições que podem surgir.

f. **Pintura:** a pintura das tubulações é extremamente importante e deve sempre estar intacta para evitar corrosão por ação do tempo, além de serem normativas pela NBR 6493 as cores corretas das tubulações em função dos fluidos transportados.

Ao ser identificada qualquer irregularidade que esteja em desacordo com as normas e/ou as melhores condições de operação, as mesmas devem ser registradas, planejadas, programadas e corrigidas pela equipe de manutenção da organização.

7.3. Reservatórios Pressurizados

Reservatórios pressurizados são muitas vezes referidos como tanques de pressão de ar ou outros fluidos, que contêm líquidos, vapores ou gases em níveis de pressão maior que a pressão atmosférica.

Eles são projetados para operar a pressões superiores a 15 psi e são feitos com metais fortes, plásticos ou fibra de vidro.

São fabricados em forma cilíndrica e têm uma orientação horizontal ou vertical.

Estes tanques de pressão contêm uma grande variedade de substâncias utilizadas para diversas aplicações industriais, tais como na indústria química, farmacêutica, alimentos e bebidas, óleo e combustível e indústrias de plásticos.

Todos os tanques devem ser registrados como vasos de pressão industriais e devem aderir às normas de segurança estabelecidas pela Norma Regulamentadora 13.

Existem muitos tipos diferentes de Reservatórios Pressurizados, tais como:

a. **Autoclaves:** usam pressão para causar reações químicas que produzem diversas substâncias, incluindo alimentos, lubrificantes e produtos químicos. Os tanques de processo são projetados para manter e armazenar líquidos.

b. **Reservatórios de Alta Pressão:** são os mais fortes, especialmente os produzidos em aço inoxidável, material que proporciona a melhor resistência à pressão, temperatura e corrosão. Sua finalidade é de manter a pressão de um determinado sistema ou processo.

c. **Reservatórios de Expansão:** também conhecidos como tanques de expansão e são encontrados em sistemas fechados de aquecimento e em sistemas de tubulação de água, localizados em caldeiras, acima da rede de água.

d. **Reservatórios de Ar Comprimido:** comumente utilizados para armazenar ar comprimido para processo, provenientes da alimentação de um compressor.

e. **Reservatórios de Processo:** utilizados para armazenamento e/ou sequência de processo industrial que trabalha com altos volumes de armazenagem ou de alimentação da cadeia produtiva.

f. **Reservatórios de Vácuo:** utilizados em sistemas que necessitam sugar o fluido de um ambiente para outro que também trabalha sob pressão diferente da atmosférica.

As substâncias contidas nos reservatórios, sejam gás, líquido ou uma mistura de materiais, determinam os componentes do projeto, tais como material, tamanho, volume, forma, temperatura e nível de pressão do equipamento.

Quando uma substância é armazenada sob pressão, o potencial de ruptura e de vazamento é bem maior.

A manutenção indevida do reservatório aumenta o risco de falhas nas cadeias produtivas, levando a graves riscos de acidentes. Este risco aumenta quando o conteúdo do reservatório é tóxico ou inflamável.

Por isso, durante a fabricação destes reservatórios, é necessário tomar precauções em relação à criação e concepção para limitar a ocorrência de falha.

As etapas para fabricação de um reservatório desta magnitude consistem em:

- A concepção do projeto.
- A Construção.
- Os testes.
- A Inspeção.

Para que se possa fabricar um reservatório, é obrigatório seguir algumas normas, dentre as mais comuns são a ASME e AAWS, para que se possa manter os riscos de segurança em um nível mínimo. Todos os reservatórios são medidos em litros; além disso, são equipados com diversos dispositivos de segurança que auxiliam em sua performance, mantendo a operacionalidade ativa e eficaz.

Durante a elaboração do desenvolvimento do projeto de um reservatório, é necessário determinar algumas variáveis, as quais são fundamentais para o seu bom funcionamento, em que o nível de pressão, a temperatura, os componentes do material, tamanho e forma fazem parte destas variáveis, dentre inúmeras outras situações pontuais de cada processo a ser utilizado.

Os reservatórios pressurizados são classificados pela Norma regulamentadora 13 de acordo com o fluido que armazena, conforme mostra o quadro a seguir:

Classe de Fluído	Grupo de Potencial de Risco				
	1 P.V ≥100	2 P.V <100 P.V ≥ 30	3 P.V < 30 P.V ≥ 2,5	4 P.V < 2,5 P.V ≥ 1	5 P.V < 1
	Categorias				
A - Fluido inflamável, combustível com temperatura igual ou superior a 200 °C - Tóxico com limite de tolerância ≤ 20 ppm - Hidrogênio - Acetileno	I	I	II	III	III
B - Combustível com temperatura menor que 200 °C - Tóxico com limite de tolerância > 20 ppm	I	II	III	IV	IV
C - Vapor de água - Gases asfixiantes simples - Ar comprimido	I	II	III	IV	V
D - Outro fluido	II	III	IV	V	V

Os reservatórios pressurizados devem ser munidos dos seguintes dispositivos:

a. válvula ou outro dispositivo de segurança com pressão de abertura ajustada em valor igual ou inferior a PMTA, considerados os requisitos do código de projeto relativos a aberturas escalonadas e tolerâncias de calibração;

b. dispositivo de segurança contra bloqueio inadvertido da válvula quando este não estiver instalado diretamente no vaso;

c. instrumento que indique a pressão de operação, instalado diretamente no vaso ou no sistema que o contenha.

7.3.1. Inspeção de Reservatórios Pressurizados

Assim como as caldeiras e as tubulações, os reservatórios pressurizados também se enquadram como um vaso de pressão e são obrigadas a ser submetidos à avaliação de integridade prevista na Norma Regulamentadora 13.

Esta avaliação, ou análise técnica, e respectivas medidas de contingências para eliminação das irregularidades nos reservatórios pressurizados, também chamada de inspeção, somente terá valor legal se for realizada por um PH (profissional habilitado).

A Norma Regulamentadora 13 considera Profissional Habilitado - PH aquele que tem competência legal para o exercício da profissão de engenheiro nas atividades referentes a projeto de construção, acompanhamento, operação e manutenção, inspeção e supervisão de inspeção de caldeiras, vasos de pressão e tubulações, em conformidade com a regulamentação profissional vigente no País.

De acordo com a Norma Regulamentadora 13 (NR13), todo reservatório pressurizado deve ser submetido a inspeções iniciais, periódicas e extraordinárias, a qual reforçamos que deve ser realizada somente pelo PH (profissional habilitado).

7.3.1.1. Inspeção Inicial

Deve ser realizada em todo reservatório novo, antes que entre em funcionamento, devendo compreender:

- ❑ Avaliação Interna.
- ❑ Teste de Estanqueidade.
- ❑ Avaliação Externa.

Todo reservatório pressurizado deve obrigatoriamente ser submetida ao Teste Hidrostático, com comprovação realizada por meio de laudo assinado pelo profissional habilitado (PH), o qual deverá conter o valor da pressão do teste afixado em sua placa de identificação.

7.3.1.2. Inspeção Periódica

A inspeção periódica é constituída por exames internos e externos e deve ser executada nos seguintes prazos máximos:

CategoriaReservatório	Exame Externo	Exame Interno
I	1 ano	3 anos
II	2 anos	4 anos
III	3 anos	6 anos
IV	4 anos	8 anos
V	5 anos	10 anos

Todos os reservatórios pressurizados que não permitam acesso visual para o exame interno ou externo por impossibilidade física devem ser submetidos alternativamente a outros exames não destrutivos e metodologias de avaliação da integridade, a critério do PH, baseados em normas e códigos aplicáveis à identificação de mecanismos de deterioração.

Todos os reservatórios pressurizados com enchimento interno ou com catalisador podem ter a periodicidade de exame interno ampliada, de forma a coincidir com a época da substituição de enchimentos ou de catalisador, desde que esta ampliação seja precedida de estudos conduzidos por PH, baseados em normas e códigos aplicáveis, onde sejam implementadas tecnologias alternativas para a avaliação da sua integridade estrutural.

Em todos os reservatórios pressurizados com temperatura de operação inferior a ooC (zero grau Celsius) e que operem em condições nas quais a experiência mostre que não ocorre deterioração, é obrigatório exame interno a cada 20 (vinte) anos e exame externo a cada 2 (dois) anos.

Todas as válvulas de segurança instaladas nas caldeiras devem ser inspecionadas periodicamente pelo menos uma vez por mês, mediante o acionamento manual da alavanca e com a caldeira em operação. Periodicamente as válvulas de segurança também devem ser calibradas por um órgão credenciado, o qual deverá emitir um laudo da respectiva calibração.

Todas as válvulas flangeadas devem ser desmontadas, inspecionadas e testadas em bancadas, com uma frequência compatível com o histórico operacional das mesmas. Quando a válvula for soldada, o mesmo procedimento deverá ser realizado na área onde a mesma está montada.

Outro fator que não pode passar despercebido é a condição estrutural dos isolamentos refratários internos, os quais garantem a manutenção da temperatura atingida pela caldeira. Este isolamento refratário não pode, em hipótese alguma, ter trincas ou rachaduras que comprometam a integridade física do interior do equipamento.

7.3.1.3. Inspeção Extraordinária

Esta inspeção deve ser realizada quando o reservatório pressurizado apresentar qualquer uma das oportunidades listadas a seguir:

- Sempre que ocorrer um acidente com o reservatório a ponto de danificá-la e/ou a qualquer outra ocorrência que comprometa sua segurança.
- Quando o reservatório for submetido a algum reparo, modificação e/ou alterar suas condições de segurança.
- Antes de colocar o reservatório em funcionamento, quando o mesmo permanecer inoperante por um período igual ou superior a 12 (doze) meses.

- ❑ Quando o reservatório sofrer alguma mudança de local de instalação, exceto os reservatórios móveis.

Sempre após a inspeção, o PH (profissional habilitado) deverá emitir o laudo técnico descrevendo a condição atual da caldeira, com seu parecer técnico, juntamente com as irregularidades listadas e seu plano de ação para posterior correção.

7.3.1.4. Inspeção Diária

Além de todos os critérios legais citados acima, os quais fazem parte da Norma Regulamentadora 13, também existe a inspeção diária, a qual deve ser executada por um inspetor técnico do corpo de manutenção da própria empresa detentora da caldeira, não sendo necessário o acompanhamento de um PH (profissional habilitado).

Esta inspeção serve para avaliar as condições operacionais do reservatório pressurizado em seu dia a dia e garantir seu perfeito funcionamento e seu maior rendimento operacional.

Durante esta inspeção, o inspetor deve observar os seguintes pontos a fim de avaliar a condição de funcionamento e buscar a detecção de defeitos que posteriormente possam se tornar falhas e comprometer a produção do reservatório.

a. **Vazamentos:** a inspeção deve garantir que não exista nenhum foco de vazamento no corpo do reservatório e nem em seus periféricos. Todo vazamento, além de ser um indício de desperdício, também é um foco de que algo não esta corretó e/ou algum componente não está desempenhando bem o seu papel.

b. **Pressão de Trabalho:** este item se faz extremamente necessário, pois é através dele que podemos observar tanto o rendimento da capacidade do reservatório quanto a eficácia das válvulas de segurança. Para isso, durante a avaliação, o inspetor deve observar se as pressões estão dentro dos parâmetros projetados para o equipamento e dentro da necessidade de consumo operacional.

c. **Isolamento Térmico:** dois fatores primordiais levam o inspetor a dar uma atenção especial para este item. O isolamento, além de garantir a segurança dos operadores pelo fato de impedir o contato direto com o corpo do reservatório para evitar queimaduras que durante sua operação estará a uma temperatura muito alta, também serve como barreira térmica para impedir a dissipação do calor, mantendo a temperatura necessária para o armazenamento do fluido dentro do reservatório. Devido a estes fatores, o isolamento não pode estar rompido e/ou danificado.

d. **Sistema de Aquecimento e/ou Resfriamento:** em reservatórios que necessitam de manter o fluido aquecido, deve-se atentar para manter a temperatura do tanque de acordo com os parâmetros definidos pelo sistema de aquecimento ou resfriamento, quer seja ele serpentina e/ou resistências.

e. **Sistema de Válvulas de Bloqueio:** deve-se atentar para manter em perfeito funcionamento as válvulas de bloqueio tanto de entrada quanto de descarga e/ou dreno dos reservatórios, a fim de garantir a transferência dos fluidos no exato instante solicitado pela produção.

f. **Sistema de Bombeamento:** consiste geralmente em duas bombas que bombeiam o fluido para dentro ou fora do reservatório. A inspeção destas bombas consiste em avaliar as suas condições de funcionamento, em que se observa em seu funcionamento a existência de vazamentos, ruídos, vibrações, temperatura, lubrificação, fixações e pressão.

Como toda rotina de inspeção, após as análises sensitivas e detecção de quaisquer anomalias, as mesmas devem ser relatadas e encaminhadas para correção enquanto ainda apresentam apenas defeitos, com o intuito de evitar que se transformem em falhas e venham a comprometer o rendimento e/ou funcionamento dos reservatórios pressurizados.

7.4. Britadores

Os britadores são equipamentos usados para a redução grosseira de grandes quantidades de sólidos como materiais rochosos, carvão, vidro, entre outros.

Este processo de trituração envolve energia mecânica de caráter compressivo, de impacto ou de cisalhamento.

Britagem pode ser definida como o conjunto de operações que tem como objetivo a fragmentação de grandes materiais, levando-os a granulometria compatível para utilização direta ou para posterior processamento.

A britagem é uma operação unitária, que pode ser utilizada, em sucessivas etapas,com equipamentos apropriados para a redução de tamanhos convenientes.

É aplicada a fragmentos de distintos tamanhos, desde materiais de 1000 mm até 10 mm de diâmetro ou envergadura. A fragmentação por britagem, geralmente, se desenvolve de acordo com a Tabela 1, sendo que em alguns casos as etapas terciárias e quaternárias são consideradas com moagem e não como britagem.

Segue um quadro que apresenta uma classificação dos estágios de fragmentação, seus tamanhos máximos da alimentação e produto e respectivas relações de redução.

7.4.1. Classificação dos Estágios de Fragmentação

Estágio	Tamanho Máximo (mm)		Relação de Redução
	Alimentação	Produção	
Britagem Primária	500 a 2000	100 a 305	8:1
Britagem Secundária	100 a 635	19 a 102	6:1 a 8:1
Britagem Terciária	10 a 100	1 a 25	4:1 a 6:1
Britagem Quaternária	5 a 76	0,8 a 1,5	até 20
Moagem Grossa	9,5 a 19	0,4 a 3,5	até 20
Moagem Fina	13	Fino	100:1 a 200:1

Para que possamos ter uma correta aplicação do britador, devemos atentar para diversas variáveis as quais devem ser consideradas durante o projeto e/ou a concepção e aplicação.

Alguns aspectos técnicos limitam e definem qual o tipo de equipamento a ser utilizado no processo. Entre estes fatores, ressaltam-se os parâmetros mecânicos e operacionais intrínsecos de cada tipo de equipamento, como a energia requerida, as forças envolvidas, o desgaste de componentes, a disponibilidade física e a taxa de produção máxima.

Segue uma tabela com os principais tipos de britadores e suas características:

Tipo de britador	Mandíbulas	Giratório	Cônico	Impacto	Martelos	*Sizer*	Rolos Dentados
Serviço	Britagem 1ª e 2ª	Britagem 1ª	Britagem 2ª, 3ª e 4ª	Britagem 1ª, 2ª, 3ª e 4ª	Britagem 1ª, 2ª e 3ª	Britagem 1ª, 2ª e 3ª	Britagem 1ª e 2ª
Grau de Redução	5:1 (4:1 a 9:1)	8:1 (3:1 a 10:1)	3:1 a 7:1	6:1 a 40:1	20:1 a 100:1	3:1 a 6:1	2:1 a 6:1
Capacidade Processamento (t/h)	Baixa a média (até 1300)	Média a alta (até 10000)	Baixa a média (até 2400)	Baixa a média (até 2400)	Baixa a média (até 2800)	Média a alta (até 10000)	Média a alta (até 12000)
Tamanho máx. da alimentação (mm)	Grandes tamanhos (até 1500)	Grandes tamanhos (até 1600)	até 500	até 1500	até 1500	até 2000	Limitado a distância entre rolos (até 2500)
Granulometria do Produto	Poucos finos. *Top size* alto p/ lamelares	Poucos finos. *Top size* menor que mandibulas	Distrib. granulom. uniforme, formato cúbico	Muitos finos, formato cúbico ou arredondado.	Muitos finos e formas cúbicas	Poucos grossos e teor de finos menor quando comparado c/ outros equip.	Tamanho médio a fino (baixa porcentagem), uniforme.
Aplicação	Duro e abrasivo, c/ sílica <30% e umidade <10%. Pouco indicado p/ minerais coesivos e c/ tendência a produzir partículas lamelares	Abrasivo, umidade <5% e c/ tendência a produzir particulas lamelares. Pouco indicado p/ minerais coesivos.	Duro e abrasivo e p/ umidade < 8%. Pouco indicado p/ minerais coesivos.	Abrasivo c/ sílica+óx. metálicos <15%, umidade <8%, alto teor de argila, c/ tendência a produzir particulas lamelares. Limitado a rochas frágeis ou elásticas.	Dureza baixa a moderada, pouco abrasivo c/ sílica <3-8% e umidade <15–20%.	Dureza média, c/ sílica <10%, p/ umidade <30% e minerais coesivos e pegajosos.	Dureza baixa e média, pouco abrasivo c/ sílica <10%, umidade <30%, minerais coesivos, c/ tendência a produzir partículas lamelares
Resist. a Compressão (Mpa)	< 500	< 400	< 400	< 300	< 200	< 130	< 180

Desta forma,pode-se concluir que para qualquer tipo de material existe um britador ideal ou uma combinação destes britadores que satisfaça as necessidades do fluxo operacional.

A seguir, serão discriminados alguns dos tipos mais comuns de britadores utilizados atualmente nas operações de britagem.

7.4.2. Britador de Mandíbulas

Os britadores de mandíbulas são empregados principalmente como britadores primários, tendo como principal função produzir material que possa ser conduzido por transportador de correia aos estágios subsequentes da instalação.

A britagem é realizada entre uma superfície, chamada mandíbula, fixa, e outra superfície móvel, sendo esta integrada a um volante, o que fornece o movimento de vai e vem entre elas.

Desta maneira, o bloco alimentado na boca do britador vai descendo entre as mandíbulas enquanto recebe a compressão responsável pela fragmentação, onde o material processado será escoado por gravidade.

Os britadores de mandíbulas são classificados basicamente em britadores de um ou dois eixos (tipo Blake) de acordo com o mecanismo de acionamento da mandíbula móvel, realizando um movimento elíptico ou pendular, respectivamente.

Nos britadores de um eixo, o queixo se apoia num eixo excêntrico na parte superior. Na parte inferior, o queixo é mantido em posição por uma placa de articulação. Esta placa oscila somente em forma de pequeno arco. A combinação de movimento excêntrico em cima e oscilatório embaixo dá ao queixo um movimento de "mastigação" por toda a superfície de britagem.

Britador de Mandíbula de um eixo.

Os britadores que possuem dois eixos e duas placas de articulação funcionam da seguinte forma:

- O primeiro eixo é um eixo pivotado onde o queixo se apoia, enquanto o outro é excêntrico e aciona as duas placas. A mandíbula móvel faz um movimento puro de vai-e-vem em direção à mandíbula fixa.

Britador de Mandíbula de dois eixos.

A especificação dos britadores de mandíbulas é dada pelas dimensões de abertura da alimentação.

Os britadores de mandíbulas são utilizados para fazer a britagem primária em blocos de elevadas dimensões e com grandes variações de tamanho na alimentação.

São capazes de processar todo tipo de material, como rochas duras e materiais reciclados.

A granulometria do produto é estabelecida pelo ajuste da descarga, sendo definida pelo grau de redução.

Devido ao movimento de "mastigação", o britador de um eixo tem melhor capacidade de entrada na alimentação de material que o britador de dois eixos de tamanho correspondente.

A desvantagem desse tipo de equipamento é a largura relativamente pequena se comparada com o círculo de saída de uma máquina giratória, limitando, assim, a capacidade. Além disso, as mandíbulas estão sujeitas a desgaste e precisam ser substituídas regularmente.

7.4.3. Britador Giratório

Este equipamento é utilizado na britagem primária quando existe uma grande quantidade de material a ser fragmentado. Pode receber alimentação de material por qualquer lado, podendo ocorrer diretamente de caminhões, e permite armazenagem de uma pequena quantidade de material no seu topo.

Os britadores giratórios são máquinas com eixo oscilante. A britagem ocorre entre um elemento fixo (revestimento da carcaça ou do bojo) e um elemento móvel interno (manto ou cone central), montado sobre o conjunto do eixo oscilante. O movimento oscilante do eixo principal é gerado por um excêntrico rotacionado por coroa e pinhão.

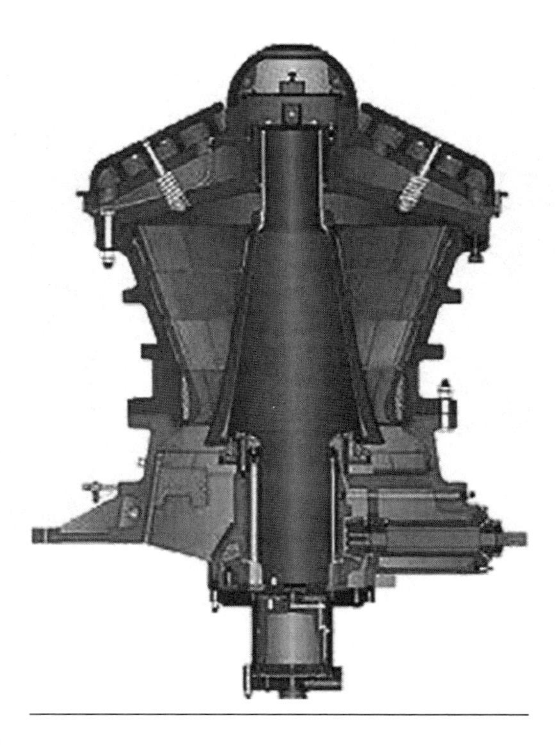

A excentricidade do elemento interno de britagem (a camisa do cone) é a diferença entre a maior abertura de saída (APA, Abertura Posição Aberta) e a menor abertura de saída (APF, Abertura Posição Fechada). A excentricidade é um dos fatores que determina a capacidade do britador giratório e cônico.

Este movimento circular faz com que toda a área da carcaça seja utilizada na britagem comprimindo o material alimentado. Ocorre também um esmagamento entre as próprias partículas pressionadas, resultando em menor desgaste metálico dos revestimentos.

Os britadores giratórios são os equipamentos de britagem que apresentam as maiores capacidades devido à sua abertura de saída em forma circular, o que confere uma área generosa, maior do que a dos britadores de mandíbula correspondentes, e também ao princípio de operação contínua, ao passo que o movimento vai-e-vem do de mandíbulas oferece uma operação intermitente.

Este tipo de equipamento é utilizado para britar materiais de alta dureza e abrasividade, porém ele possui limitações com materiais coesivos..Os britadores giratórios são dotados de sistemas de regulagem da abertura de saída, o que influencia a granulometria do produto e possibilita a geração de uma distribuição granulométrica bastante uniforme.

7.4.4. Britador Cônico

O britador cônico possui o mesmo princípio de operação do britador giratório.

Contrariamente ao que ocorre no britador giratório, no cônico, o manto e o cone apresentam longas superfícies paralelas, para garantir um tempo maior de retenção das partículas nessa região.

No britador giratório a descarga se dá pela ação da gravidade, enquanto no cônico a descarga é condicionada ao movimento do cone.

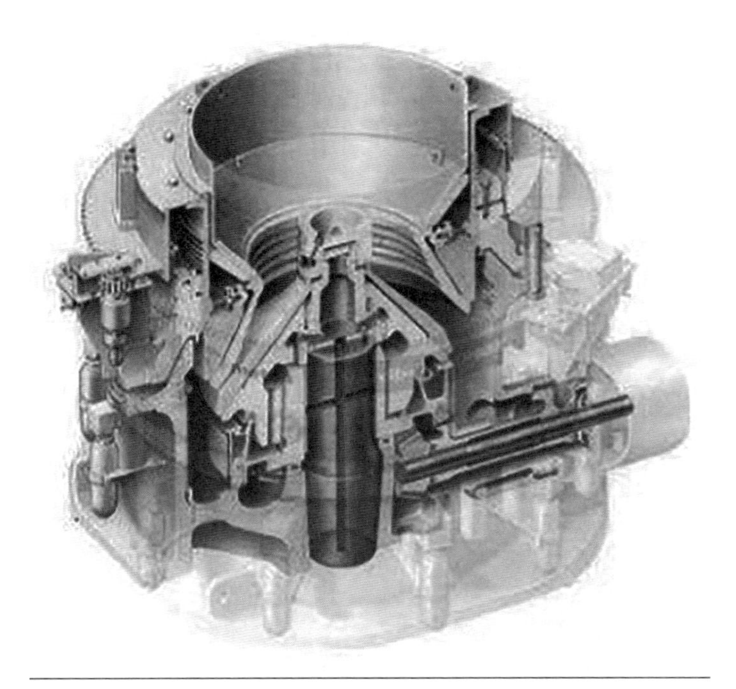

O deslocamento vertical do cone controla a abertura de saída através de dispositivos hidráulicos. A carcaça interna, munida de revestimentos, gira dentro da rosca reguladora da carcaça superior externa, subindo ou descendo, para ajustar a abertura conforme a necessidade. Através do giro, os revestimentos mudam de posição em relação ao ponto de entrada da alimentação, o que permite manter um desgaste uniforme. O mesmo não ocorre com alguns britadores cônicos em que a regulagem é realizada apenas pelo movimento vertical do eixo principal, permanecendo a carcaça superior externa e a carcaça interna em posição inalterada.

Britadores cônicos são mais usados na britagem secundária.

7.4.5. Britador de Impacto

Neste tipo de britador, a fragmentação se dá por impacto.

O equipamento é constituído de uma carcaça de chapas de aço que contém um conjunto de eixo e rotor. Por meio do movimento das barras ou martelos conectados ao rotor, onde parte da energia cinética é transferida para o material, projetando-o sobre as placas fixas de impacto onde ocorre a fragmentação.

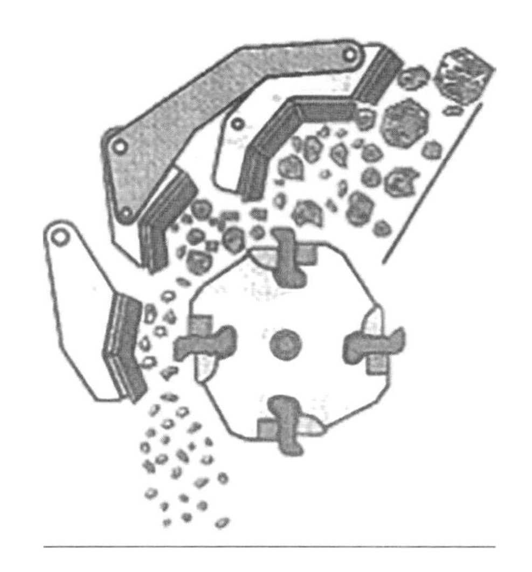

São geralmente utilizados em aplicações não abrasivas e onde a produção de finos não representa problema. Podem ser empregados para britagem seletiva, um método que libera os minerais duros do material estéril.

Dentre todos os tipos de britadores primários, o impactador é o que gera o produto mais cúbico.

Uma característica especial deste tipo de britador é a possibilidade de inclusão de um sistema de proteção da câmara de britagem contra corpos metálicos estranhos.

As desvantagens do uso desse equipamento são o elevado custo de manutenção e o grande desgaste, dificultando, assim, sua aquisição onde o investimento aplicado tem uma viabilidade econômica não muito satisfatória.

Existem tipos distintos de britadores de impacto, como podemos visualizar a seguir.

7.4.6. Britador de Impacto com Eixo Horizontal

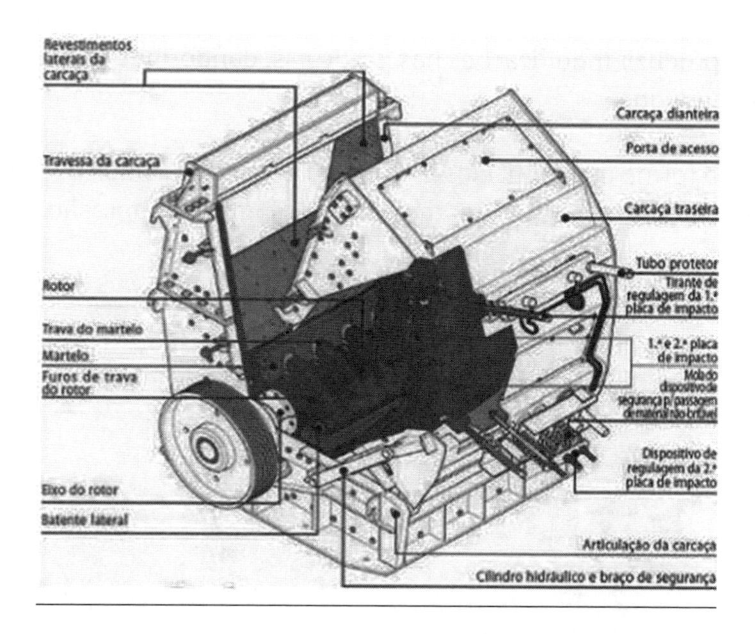

Os impactadores com eixo horizontal são fabricados em diversas formas e tamanhos, desde britadores primários de alta capacidade até máquinas especiais projetadas para britar materiais como escória.

O material alimentado na máquina é submetido a altíssimos impactos causados por martelos ou barras em rápido movimento montados no rotor.

As partículas resultantes são, então, adicionalmente impactadas no interior da máquina. Elas colidem com peças do britador e umas com as outras, resultando em melhor formato do produto.

7.4.7. Britador de Impacto com Eixo Vertical

O britador de impacto vertical é conhecido como o equipamento capaz de produzir modificações nas partículas, dando-lhes formato cúbico ou arredondado.

Essa forma das partículas é atribuída aos mecanismos que ocorrem no rotor e na câmara de britagem do britador: impacto, abrasão e atrição.

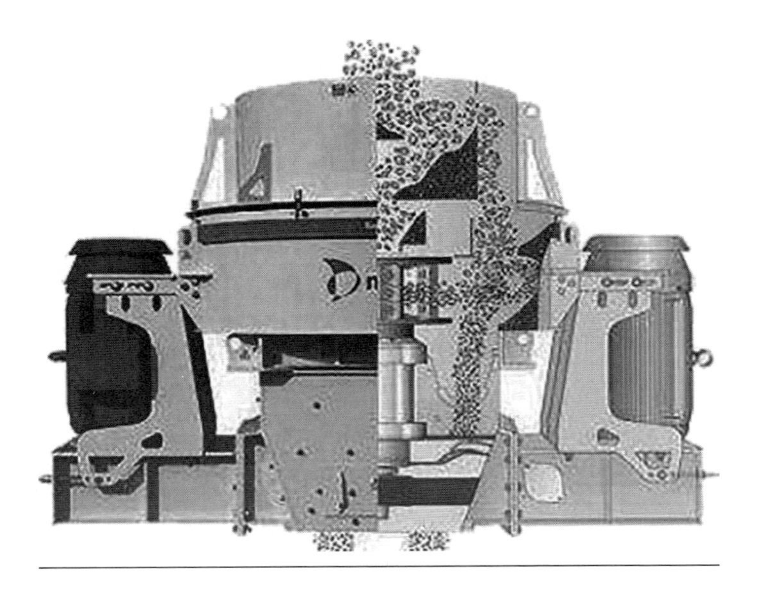

Uma parte do material é alimentada pelo centro do rotor, sendo acelerada a altas velocidades e saindo do rotor por aberturas periféricas, enquanto a outra parte do material passa por fora do rotor, na forma de cascata.

A britagem ocorre quando o material em alta velocidade colide contra o revestimento da carcaça estacionária externa e também quando as partículas colidem entre si.

7.4.7. Britador de Martelos

Os britadores de martelos foram desenvolvidos para o esmagamento de material grosseiro, de dureza média para as indústrias de cimento, gesso e calcário.

Eles estão disponíveis como britadores de martelo de impacto, britadores de martelo de um eixo e britadores de martelo de dois eixos.

A fragmentação do britador de martelos ocorre através da rotação dos martelos entre o rotor e a bigorna. O tamanho do produto final é fixado pela abertura da grelha posicionada na região de descarga do material.

Britadores de martelo de impacto e de um eixo podem atingir capacidades altas produzindo partículas menores.

Britadores de martelo de dois eixos são especialmente adequados para a redução de material com alta umidade. Para isto, a geometria da câmara de britagem, a bigorna e a grelha necessitam de adaptações para se evitar problemas com obstrução/entupimento.

Assim como os britadores de martelo de impacto e de um eixo, também podem alcançar capacidades altas produzindo partículas menores.

7.4.8. Britador Sizer

O britador sizer consiste em dois eixos inseridos em uma câmara de britagem em estrutura parafusada ou soldada.

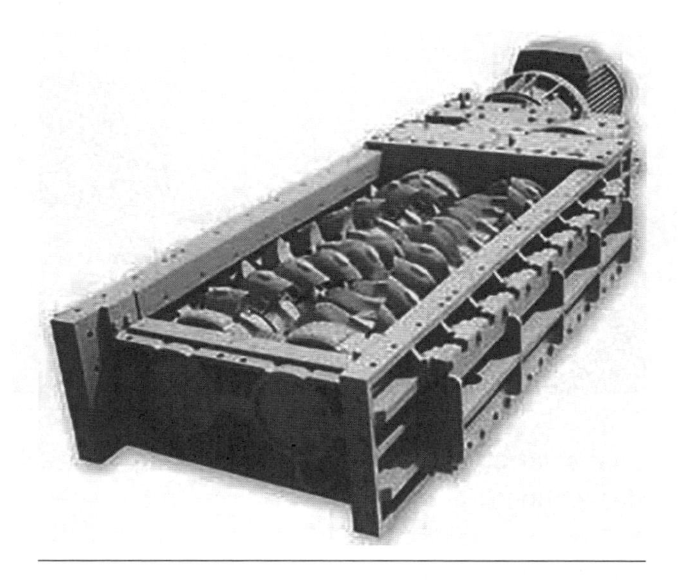

O britador sizer possui duas variações: o tipo central (britagem primária e secundária) e o lateral (britagem secundária e/ou terciária), sendo a diferença relacionada com o sentido de rotação dos rolos.

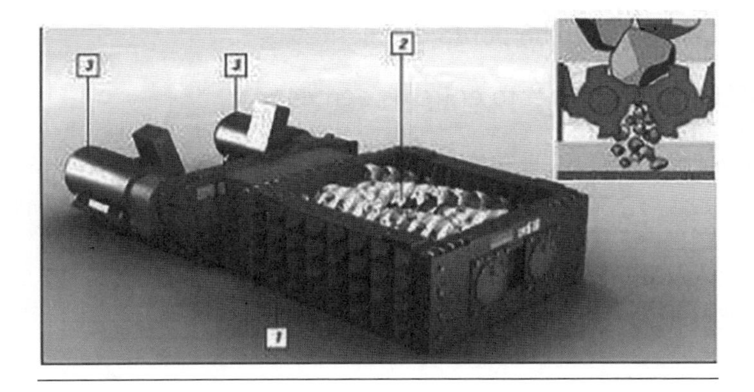

O tamanho e o número de dentes também influenciam na sua aplicação. Em geral, na britagem primária utilizam-se dentes maiores, espaçamento entre dentes maior e um número de dentes menor quando comparado com britagens secundária e/ou terciária.

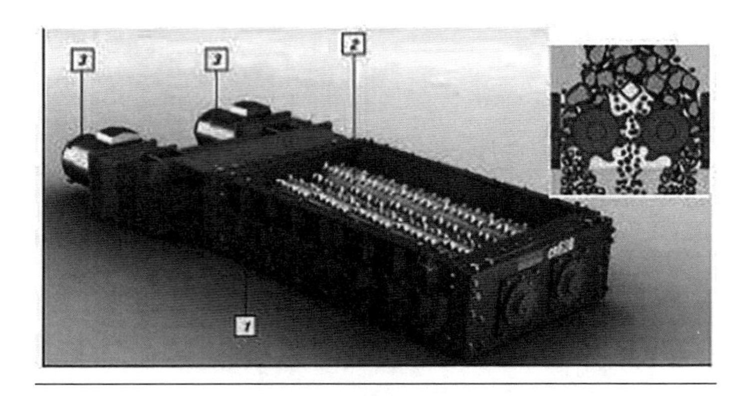

O material a ser triturado pode ser alimentado ao sizer de forma contínua ou descontínua.

A redução de tamanho é efetuada por forças de cisalhamento e tração, geradas por torques elevados em baixas velocidades circunferenciais.

Existem 3 estágios envolvidos no processo de britagem com britador sizer do tipo central:

- o impacto na ponta dos dentes,
- o cisalhamento entre os dentes,
- o impacto na barra localizada abaixo dos rolos.

A utilização da barra de impacto aumenta o fator de redução do britador sizer. No britador sizer tipo lateral, o impacto do material nas paredes laterais do equipamento auxilia o processo de redução do tamanho do material.

Uma característica importante quanto à forma de alimentação do material no britador está relacionada com o arranjo em espiral ou em linha dos dentes.

No arranjo espiral a movimentação do material é realizada em uma das extremidades do britador, e a alimentação é realizada preferencialmente na extremidade oposta do britador.

No arranjo em linha, o transporte do material é realizado para ambas as laterais do britador, e a alimentação é preferencialmente na região central. O material de alimentação é distribuído uniformemente sobre toda a largura dos rolos devido à configuração especial dos dentes, importante para atingir altas capacidades.

Os britadores sizers podem atingir altas capacidades, esmagando o material com um tamanho enormes, e é capaz de fragmentar rochas de médias durezas, bem como material pegajoso e macio, como o carvão, a argila, o calcário e outros similares.

Atinge um tamanho de produto claramente definido com baixa fração de grossos e teor de finos consideravelmente mais baixo do que quando comparado com outras máquinas de britagem. É mais adequado para britagens primárias e secundárias.

7.4.9. Britador de Rolo Dentado

Consiste basicamente de um rolo dentado que gira de encontro a uma placa fixa ou contra outro rolo dentado. O movimento giratório do rolo provoca a compressão e o cisalhamento do material entre os dentes e a placa fixada à câmara.

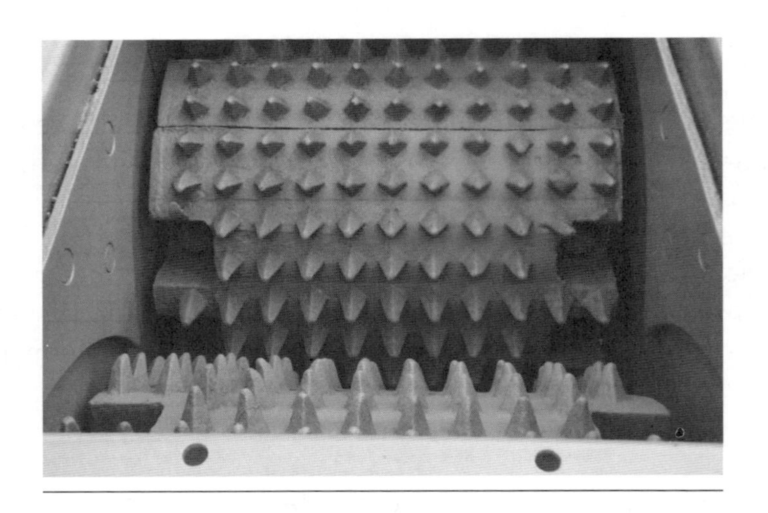

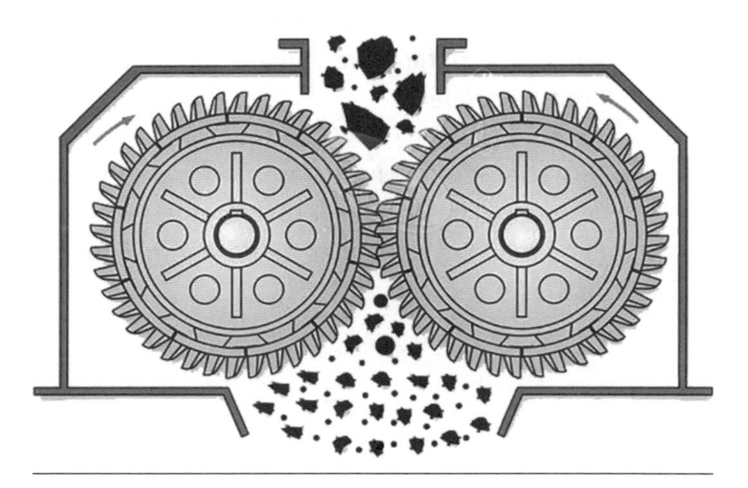

O britador de duplo rolo distingue-se do britador tipo sizer, principalmente pela sua robustez e volante de inércia que auxilia na energia transferida para o processo de britagem em um rolo fixo e outro móvel.

Este tipo de britador possui rolos com diâmetros maiores; o sentido de rotação dos rolos é exclusivamente na direção central, e a velocidade de rotação é relativamente maior quando comparada com as utilizadas no britador sizer.

Tem emprego limitado devido ao grande desgaste dos dentes, por ser sensível à abrasão.

É aconselhável sua aplicação para rochas de fácil fragmentação, materiais friáveis e pouco abrasivos, como carvão, calcário, caulim, fosfatos e também para britagens móveis, dadas as pequenas dimensões do equipamento. Possui alta tolerância à umidade da alimentação, sendo na britagem primária um dos equipamentos que produz menos finos, perdendo apenas para o sizer.

7.4.10. Britador de Rolos

Este equipamento consiste de dois rolos de aço lisos girando à mesma velocidade, em sentidos contrários, guardando entre si uma distância definida.

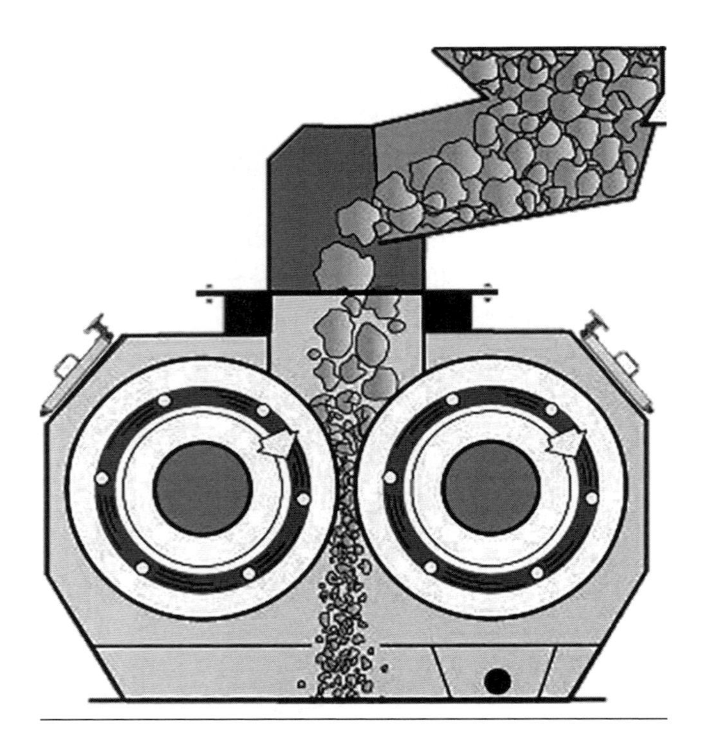

A alimentação é feita lançando-se os blocos de minério entre os rolos cujo movimento faz com que os mesmos sejam forçados a passar pela distância fixada previamente por parafusos de ajuste. Esta ação promove a fragmentação dos blocos.

Este tipo de britador possui uma forte limitação quanto à granulometria da alimentação, pois a mesma é limitada pela distância fixada entre os rolos e os diâmetros dos mesmos, possuindo, assim, baixas capacidades, destinados a materiais frágeis ou de fácil fragmentação.

7.4.11. Inspeção Sensitiva dos Britadores

Como todo ativo industrial, os britadores também devem ser monitorados sensitivamente para que se possam detectar defeitos ou falhas ocultas, prematuras, e antes mesmo que possam se manifestar e se tornar uma falha real comprometendo a confiabilidade do ativo.

Nesta ocasião serão apresentadas algumas técnicas pontuais de inspeção sensitiva em alguns tipos de britadores comumente utilizados nas indústrias de mineração.

7.4.12. Britador de Mandíbulas

A inspeção sensitiva nos britadores de mandíbulas consiste em analisar os seguintes itens:

- ❑ **Mancais de Rolamentos:** a inspeção nos mancais de rolamentos consiste em avaliar a condição atual da lubrificação dos mancais, o ruído desprendido pelos rolamentos, a temperatura na qual o rolamento se encontra, a vibração do conjunto e a fixação dos mancais na estrutura (para detalhes mais aprofundados sobre as técnicas e variações de inspeção deste elemento de máquina, consulte o capítulo 7.2 do livro "Manual Básico para Inspetor de Manutenção Industrial I").

- ❑ **Trincas na Estrutura:** deve-se verificar a existência de trincas em toda a estrutura do britador; devido aos esforços aos quais a estrutura é submetida, a mesma pode sofrer trincas tanto na estrutura de aço quanto na estrutura de concreto. O aparecimento de tais trincas pode ser um sério indício de que a vibração do conjunto pode estar supostamente excessiva de forma a comprometer a fixação do britador.

- ❑ **Fixação do Britador:** a fixação da base do britador é um fator primordial durante a inspeção, pois como o equipamento desprende uma força descomunal durante a britagem sua fixação deve absorver todo este impacto sem variações de trepidação ou desalinhamento de todo o conjunto. Ao menor sinal de afrouxamento das fixações, o inspetor deve solicitar um novo torqueamento das fixações de suas bases e/ou partes unidas.

- **Vazamentos:** os britadores devem estar isentos de quaisquer tipos de vazamentos, quer seja de lubrificantes e/ou de produtos britados. O vazamento de lubrificantes nos indica que os mancais de rolamentos estão com problemas e devem ser analisados, já os vazamentos de produtos mostram que possivelmente podemos ter uma abertura indesejada no equipamento e/ou um excesso de material inserido na câmara de britagem. Ambos os casos não devem ocorrer e se persistirem devem ser eliminados assim que possível.
- **Desgastes das Correias:** durante a inspeção das correias de transmissão do britador, o inspetor deve atentar para a análise de alguns defeitos provenientes de possíveis desgastes altamente prejudiciais ao seu perfeito funcionamento: verificar a existência de rachaduras nas correias, a alta temperatura das correias que podem causar uma fragilização na estrutura interna vindo a romper e/ou causar rachaduras; verificar a existência de desfiamento das paredes laterais as quais indicam derrapagens por inserção de sujeiras; verificar o alinhamento do sistema, pois qualquer desalinhamento pode causar uma vibração anormal das correias, a tensão das correias é extremamente importante para seu funcionamento, onde seu afrouxamento causa funcionamento irregular e/ou pulo de canais. Já sua tensão excessiva pode causar rompimento ou sobrecarga do sistema, lembrando que em uma eventual necessidade de substituir uma correia com defeito todo o kit de correias deverá ser substituído e não somente a correia danificada (para detalhes mais aprofundados sobre as téc-

nicas e variações de inspeção deste elemento de máquina, consulte o capítulo 7.6 do livro "Manual Básico para Inspetor de Manutenção Industrial I").

- **Molas de Amortecimento:** as molas de amortecimento desempenham um papel fundamental neste tipo de britador, pois elas não somente exercem a função de amortecimento de choque, como também funcionam como sistema de frenagem do britador durante a princípio de desligamento do conjunto, onde a força exercida pela mola como impulso também exerce uma resistência de frenagem quando o motor tende a ser desligado, fazendo com que o equipamento venha a ter uma parada mais suave sem danos para o conjunto. Deve-se observar nas molas o desgaste de suas espiras, a limpeza em volta, pois as projeções de partículas projetadas para fora do britador são muito grandes e podem se aglomerar em volta da mola, limitando, assim, seu curso de compressão. As trincas nas estruturas das molas jamais devem existir, pois deixam as mesmas inoperantes. O cansaço da mola é um fator comum nos dias atuais, porém é um defeito difícil de se detectar, pois como não possuímos meios sensitivos de precisar a perda da elasticidade ou de compressão das molas, somente durante testes externos teremos como detectar. No entanto, quando o equipamento balança demais de forma não percebida anteriormente pode ser um indício de que a mesma está nesta condição e deve ser substituída. As molas jamais devem sofrer superaquecimento, quer seja nos ambientes de trabalho e/ou provenientes de cortes e soldas. As altas temperaturas alteram as características mecânicas das molas causando destemperamento irregular que certamente irá provocar uma fissura ou quebra.

- **Alinhamento do conjunto:** os conjuntos de eixos, mancais e polias devem estar sempre alinhados a fim de evitar desgastes excessivos nos componentes. Deve-se conferir frequentemente o alinhamento das polias para que se possa garantir que não haja desgastes nos canais, nas correias e principalmente nos rolamentos, pois, por mais que o equipamento possa utilizar rolamentos autocompensadores, estes rolamentos somente absorvem desalinhamentos de projeto e jamais deverão ser submetidos a desalinhamentos de instalação.

- **Desgastes das Polias:** as polias são componentes que devem ser analisados periodicamente, pois os desgastes dos canais de deslizamento podem acarretar diversos defeitos das correias. Além da verificação da existência de trincas na estrutura das polias, a clibração dos canais também deve ser verificada, pois a abertura excessiva nos canais causam um superaquecimento no conjunto desgastando as correias e transferindo esta temperatura para os motores e demais componentes (para detalhes mais aprofundados sobre as técnicas e variações de inspeção deste elemento de máquina, consulte o capítulo 7.7 do livro "Manual Básico para Inspetor de Manutenção Industrial I").

- **Gap entre as Mandíbulas:** apesar de a abertura entre as mandíbulas ser uma atividade operacional devido à interferência direta com o produto final, o inspetor de manutenção deve, periodicamente, realizar a medição deste gap, com o intuito de acompanhar a frequência de desregulagem, pois a mesma pode ser proveniente de uma outra fonte de defeito ou falha, embora tanto o gap excessivo quanto o gap menor possam causar fissuras nas estruturas das mandíbulas ou demais componentes por estarem sendo submetidos a esforços não projetados em virtude do tamanho das partículas inseridas entre as mandíbulas.

7.4.13. Britador Cônico

A inspeção sensitiva nos Britadores Cônicos consiste em analisar os seguintes itens:

- ❑ **Mancais de Rolamentos:** a inspeção nos mancais de rolamentos consiste em avaliar a condição atual da lubrificação dos mancais, o ruído desprendido pelos rolamentos, a temperatura na qual o rolamento se encontra, a vibração do conjunto e a fixação dos mancais na estrutura (para detalhes mais aprofundados sobre as técnicas e variações de inspeção deste elemento de máquina, consulte o capítulo 7.2 do livro "Manual Básico para Inspetor de Manutenção Industrial I").

- ❑ **Trincas na Estrutura:** deve-se verificar a existência de trincas em toda a estrutura do britador; devido aos esforços aos quais a estrutura é submetida, a mesma pode sofrer trincas tanto na estrutura de aço quanto na estrutura de concreto. O aparecimento de tais trincas pode ser um sério indício de que a vibração do conjunto pode estar supostamente excessiva de forma a comprometer a fixação do britador.

- ❑ **Fixação do Britador:** a fixação da base do britador é um fator primordial durante a inspeção, pois como o equipamento desprende uma força descomunal durante a britagem sua fixação deve absorver todo este impacto sem variações de trepidação ou desalinhamento de todo o conjunto. Ao menor sinal de afrouxamento das fixações, o inspetor deve solicitar um novo torqueamento das fixações de suas bases e/ou partes unidas.

- ❑ **Unidade Hidráulica do Britador:** este tipo de britador possui acionamentos hidráulicos diretos e indiretos, portanto, uma atenção especial deve ser considerada em sua unidade hidráulica de geração de movimentos. Deve-se observar periodicamente o nível de óleo existente no reservatório da unidade, a pressão de óleo do sistema deve ser acompanhada, os vazamentos de óleo em toda a extensão do circuito devem ser monitorados e eliminados de imediato, as vazões de óleo devem estar sempre dentro dos parâmetros de projeto ou dos valores definidos pela operação, a temperatura de trabalho do óleo deve estar dentro do range estabelecido para o tipo de óleo aplicado, toda a condição de funcionamento da bomba hidráulica e dos atuadores, bem como válvulas de alimentação, devem ser acompanhadas e monitoradas veementemente para que não apresentem falhas (vide "Manual Básico para Inspetor de Manutenção I" com detalhes completos sobre cada ítem em especial). As mangueiras devem estar instaladas de forma adequada e sem nenhum indício de desgastes externos, nem com grau de curvatura forçada, os filtros de ar e óleo devem ser monitorados quanto a seus indicadores de sujidade e substituídos quando detectado que o mesmo está atuado.

- ❑ **Redutora do Britador:** a redutora de acionamento deve estar com sua fixação intacta, não deve possuir nenhum tipo de vazamento nem superaquecimento, o que prejudica sua lubrificação interna e compromete seu funcionamento; deve estar livre de ruídos anormais oriundos de fontes externas ou de desgastes internos; o conjunto deve estar isento de vibração excessiva, que prejudica seu engrenamento interno e danifica seus componentes, bem como o alinhamento deve ser perfeito e sem oscilações.

- ❑ **Unidade de Lubrificação do Britador:** assim como a unidade hidráulica, o sistema de lubrificação centralizada do britador deve conter todos os cuidados oriundos dos componentes hidráulicos, porém a limpeza dos pontos lubrificados deve ser observada, pois, diferente da unidade hidráulica, os pontos de lubrificação possuem uma probabilidade maior de apresentarem vazamentos por se tratarem de circuitos de pressão inferior e que podem apresentar rompimento de vedações constantes dos elementos em virtude do excesso ou falta de lubrificante.

- ❑ **Desgastes das Correias:** durante a inspeção das correias de transmissão do britador, o inspetor deve atentar para a análise de alguns defeitos provenientes de possíveis desgastes que são altamente prejudiciais ao seu perfeito funcionamento. Verificar a existência de rachaduras nas correias, a alta temperatura das correias que podem causar uma fragilização na estrutura interna, vindo a romper e/ou causar rachaduras; verificar a existência de desfiamento das paredes laterais as quais indicam derrapagens por inserção de sujeiras; verificar o alinhamento do sistema, pois qualquer desalinhamento pode causar uma vibração anormal das correias. A tensão das correias é extremamente importante para seu funcionamento, e seu afrouxamento causa funcionamento irregular e/ou pulo de canais. Já sua tensão excessiva pode causar rompimento ou sobrecarga do sistema. Lembrando qu,e em uma eventual necessidade de substituir uma correia com defeito, todo o kit de correias deverá ser substituído e não somente a correia danificada (para detalhes mais aprofundados sobre as técnicas e variações de inspeção deste elemento de máquina, consulte o capítulo 7.6 do livro "Manual Básico para Inspetor de Manutenção Industrial I").

- ❑ **Molas de Amortecimento:** as molas de amortecimento desempenham um papel fundamental neste tipo de britador, pois elas não somente exercem a função de amortecimento de choque, como também funcionam como sistema de frenagem do britador durante o princípio de desligamento do conjunto, onde a força exercida pela mola como impulso também exerce uma resistência de frenagem quando o motor tende a ser desligado, fazendo com que o equipamento venha a ter uma parada mais suave sem danos para o conjunto. Deve-se observar nas molas o desgaste de suas espiras, a limpeza em volta, pois as projeções de partículas projetadas para fora do britador são muito grandes e podem se aglomerar em volta da mola, limitando, assim, seu curso de compressão. As trincas nas estruturas das molas jamais devem existir, pois as deixam inoperantes. O cansaço da mola é um fator comum nos dias atuais, porém é um defeito difícil de se detectar, pois como não possuímos meios sensitivos de precisar a perda da elasticidade ou de compressão das molas somente durante testes externos teremos como detectar. No entanto, quando o equipamento balança demais de forma não percebida anteriormente, pode ser um indício de que a mesma está nesta condição e deve ser substituída. As molas jamais devem sofrer superaquecimento, quer seja nos ambientes de trabalho e/ou provenientes de cortes e soldas. As altas temperaturas alteram as características mecânicas das molas, causando um destemperamento irregular que certamente irá causar uma fissura ou quebra.

- **Alinhamento do conjunto:** os conjuntos de eixos, mancais e polias devem estar sempre alinhados a fim de evitar desgastes excessivos nos componentes. Deve- se conferir frequentemente o alinhamento das polias para que se possa garantir que não haja desgastes nos canais, nas correias e principalmente nos rolamentos, pois, por mais que o equipamento possa utilizar rolamentos autocompensadores, estes rolamentos somente absorvem desalinhamentos de projeto e jamais deverão ser submetidos a desalinhamentos de instalação.

- **Desgastes das Polias:** as polias são componentes que devem ser analisados periodicamente, pois os desgastes dos canais de deslizamento podem acarretar diversos defeitos das correias.

Além da verificação da existência de trincas na estrutura das polias, a calibração dos canais também deve ser verificada, pois a abertura excessiva nos canais causa superaquecimento no conjunto desgastando as correias e transferindo esta temperatura para os motores e demais componentes (para detalhes mais aprofundados sobre as técnicas e variações de inspeção deste elemento de máquina, consulte o capítulo 7.7 do livro "Manual Básico para Inspetor de Manutenção Industrial I").

- ❑ **Câmaras de Britagem:** as câmaras de britagem se concentram na parte interior do britador, dificultando, assim, que o inspetor possa avaliar e verificar as condições internas dos componentes. Isto só é possível quando o equipamento estiver parado e em uma programação planejada para que se possa desmontar as câmaras e verificar os desgastes internos, tais como trincas, quebras de superfícies, dimensional da conicidade das câmaras, molas e demais elementos internos do britador.

7.4.14. Britador de Rolos

A inspeção sensitiva nos Britadores de Rolos consiste em analisar os seguintes itens:

- ❑ **Mancais de Rolamentos:** a inspeção nos mancais de rolamentos consiste em avaliar a condição atual da lubrificação dos mancais, o ruído desprendido pelos rolamentos, a temperatura na qual o rolamento se encontra, a vibração do conjunto e a fixação dos mancais na estrutura (para detalhes mais aprofundados sobre as técnicas e variações de inspeção deste elemento de máquina, consulte o capítulo 7.2 do livro "Manual Básico para Inspetor de Manutenção Industrial I").

- ❑ Trincas na Estrutura: deve-se verificar a existência de trincas em toda a estrutura do britador; devido aos esforços aos quais a estrutura é submetida, a mesma pode sofrer trincas tanto na estrutura de aço quanto na estrutura de concreto. O aparecimento de tais trincas pode ser um sério indício de que a vibração do conjunto pode estar supostamente excessiva de forma a comprometer a fixação do britador.

- **Fixação do Britador:** a fixação das bases do britador é um fator primordial durante a inspeção, pois como o equipamento desprende uma força descomunal durante a britagem sua fixação deve absorver todo este impacto sem variações de trepidação ou desalinhamento de todo o conjunto. Ao menor sinal de afrouxamento das fixações, o inspetor deve solicitar um novo torqueamento das fixações de suas bases e/ou partes unidas.

- **Unidade Hidráulica do Britador:** este tipo de britador possui acionamentos hidráulicos diretos e indiretos, portanto, uma atenção especial deve ser considerada em sua unidade hidráulica de geração de movimentos. Deve-se observar periodicamente o nível de óleo existente no reservatório da unidade, a pressão de óleo do sistema deve ser acompanhada, os vazamentos de óleo em toda a extensão do circuito devem ser monitorados e eliminados de imediato, as vazões de óleo devem estar sempre dentro dos parâmetros de projeto ou dos valores definidos pela operação, a temperatura de trabalho do óleo deve estar dentro do range estabelecido para o tipo de óleo aplicado, toda a condição de funcionamento da bomba hidráulica e dos atuadores, bem como válvulas de alimentação, devem ser acompanhadas e monitoradas veementemente para que não apresentem falhas (vide "Manual Básico para Inspetor de Manutenção I", com detalhes completos sobre cada item em especial). As mangueiras devem estar instaladas de forma adequada e sem nenhum indício de desgastes externos, nem com grau de curvatura forçada; os filtros de ar e óleo devem ser monitorados quanto a seus indicadores de sujidade e substituídos quando detectado que o mesmo está atuado.

- **Redutora do Britador:** a redutora de acionamento deve estar com sua fixação intacta, não deve possuir nenhum tipo de vazamento nem superaquecimento, o que prejudica sua lubrificação interna e compromete seu funcionamento; deve estar livre de ruídos anormais oriundos de fontes externas ou de desgastes internos; o conjunto deve estar isento de vibração excessiva que prejudica seu engrenamento interno e danifica seus componentes, bem como o alinhamento deve ser perfeito e sem oscilações.

- **Unidade de Lubrificação do Britador:** assim como a unidade hidráulica, o sistema de lubrificação centralizada do britador deve conter todos os cuidados oriundos dos componentes hidráulicos, porém a limpeza dos pontos lubrificados devem ser observadas, pois, diferente da unidade hidráulica, os pontos de lubrificação possuem uma probabilidade maior de apresentar vazamentos por se tratar de circuitos de pressão inferior e que podem apresentar rompimento de vedações constantes dos elementos em virtude do excesso ou falta de lubrificante.

- **Desgastes das Correias:** durante a inspeção das correias de transmissão do britador, o inspetor deve atentar para a análise de alguns defeitos provenientes de possíveis desgastes que são altamente prejudiciais ao seu perfeito funcionamento. Verificar a existência de rachaduras nas correias, a alta temperatura das correias que podem causar uma fragilização na estrutura interna, vindo a romper e/ou causar rachaduras; verificar a existência de desfiamento das paredes laterais as quais indicam derrapagens por inserção de sujeiras; verificar o alinhamento do sistema, pois qualquer desalinhamento pode causar uma vibração anormal das correias. A tensão das correias é extremamente importante para seu funcionamento, e seu afrouxamento causa funcionamento irregular e/ou pulo de canais. Já sua tensão excessiva pode causar rompimento ou sobrecarga do sistema. Lembrando qu,e em uma eventual necessidade de substituir uma correia com defeito, todo o kit de correias deverá ser substituído e não somente a correia danificada (para detalhes mais aprofundados sobre as técnicas e variações de inspeção deste elemento de máquina, consulte o capítulo 7.6 do livro "Manual Básico para Inspetor de Manutenção Industrial I").

- **Molas de Amortecimento:** as molas de amortecimento desempenham um papel fundamental neste tipo de britador, pois elas não somente exercem a função de amortecimento de choque, como também funcionam como sistema de frenagem do britador durante o princípio de desligamento do conjunto, onde a força exercida pela mola como impulso também exerce uma resistência de frenagem quando o motor tende a ser desligado, fazendo com que o equipamento venha a ter uma parada mais suave sem danos para o conjunto. Deve-se observar nas molas o desgaste de suas espiras, a limpeza em volta, pois as projeções de partículas projetadas para fora do britador são muito grandes e podem se aglomerar em volta da mola, limitando, assim, seu curso de compressão. As trincas nas estruturas das molas jamais devem existir, pois as deixam inoperantes. O cansaço da mola é um fator comum nos dias atuais, porém é um defeito difícil de se detectar, pois como não possuímos meios sensitivos de precisar a perda da elasticidade ou de compressão das molas somente durante testes externos teremos como detectar. No entanto, quando o equipamento balança demais de forma não percebida anteriormente, pode ser um indício de que a mesma está nesta condição e deve ser substituída. As molas jamais devem sofrer superaquecimento, quer seja nos ambientes de trabalho e/ou provenientes de cortes e soldas. As altas temperaturas alteram as características mecânicas das molas, causando destemperamento irregular que certamente irá causar uma fissura ou quebra.

- **Alinhamento do conjunto:** os conjuntos de eixos, mancais e polias devem estar sempre alinhados a fim de evitar desgastes excessivos nos componentes. Deve- se conferir frequentemente o alinhamento das polias para que se possa garantir que não haja desgastes nos canais, nas correias e principalmente nos rolamentos, pois, por mais que o equipamento possa utilizar rolamentos autocompensadores, estes rolamentos somente absorvem desalinhamentos de projeto e jamais deverão ser submetidos a desalinhamentos de instalação.

- **Desgastes das Polias:** as polias são componentes que devem ser analisados periodicamente, pois os desgastes dos canais de deslizamento podem acarretar diversos defeitos das correias. Além da verificação da existência de trincas na estrutura das polias, a calibração dos canais também deve ser verificada, pois a abertura excessiva nos canais causa superaquecimento no conjunto desgastando as correias e transferindo esta temperatura para os motores e demais componentes (para detalhes mais aprofundados sobre as técnicas e variações de inspeção deste elemento de máquina, consulte o capítulo 7.7 do livro "Manual Básico para Inspetor de Manutenção Industrial I").

- **Gap entre os Rolos e/ou Placas:** apesar de a abertura entre os rolos e/ou as placas ser uma atividade operacional devido à interferência direta com o produto final, o inspetor de manutenção deve periodicamente realizar a medição deste gap, com o intuito de acompanhar a frequência de desregulagem, pois a mesma pode ser proveniente de uma outra fonte de defeito ou falha, embora tanto o gap excessivo quanto o gap menor possam causar fissuras nas placas ou nas mesas dos rolos ou demais componentes por estarem sendo submetidos a esforços não projetados em virtude do tamanho das partículas inseridas entre os rolos e ou a placa.

Os britadores são equipamentos teoricamente brutos e de estruturas grosseiras, mas que comportam elementos de máquinas sensíveis e delicados, os quais, quando não operam de acordo com as condições para as quais foram projetados, apresentam simultaneamente defeitos e falhas prematuras que podem comprometer a integridade física do ativo. Portanto, seu acompanhamento diário é extremamente necessário.

7.5. Moinhos Rotativos

Os moinhos rotativos são basicamente cilindros constituídos por uma carcaça de ferro, revestida internamente com placas de desgaste de aço ou borracha, que giram sobre mancais e dentro da qual uma carga solta denominada corpos moedores (bolas, barras, pebbles ou cylpebs) se move livremente.

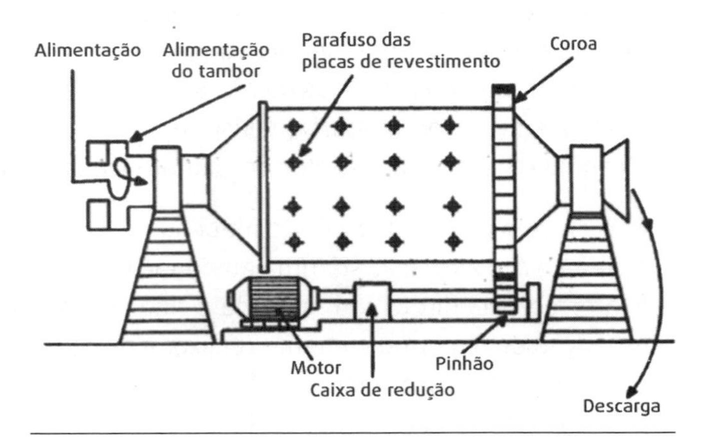

Os corpos moedores são elevados pelo movimento de rotação da carcaça até certa altura, de onde caem sobre os outros corpos que estão na parte inferior do cilindro, sobre o minério que ocupa os interstícios das bolas e sobre as placas de revestimentos.

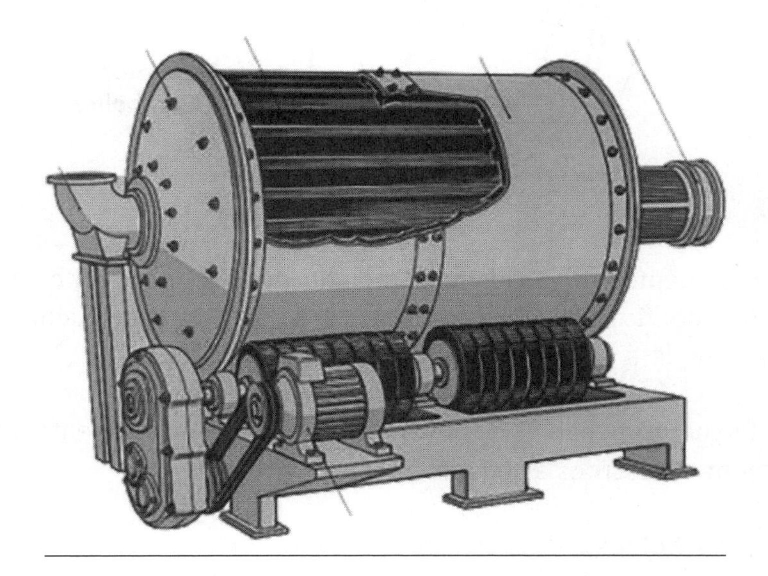

Enquanto a força centrífuga for maior que a força da gravidade, os corpos permanecem na trajetória circular.

No momento em que prevalecer o componente da força da gravidade que se opõe à força centrífuga, os corpos abandonam a trajetória circular e passam a seguir uma trajetória parabólica.

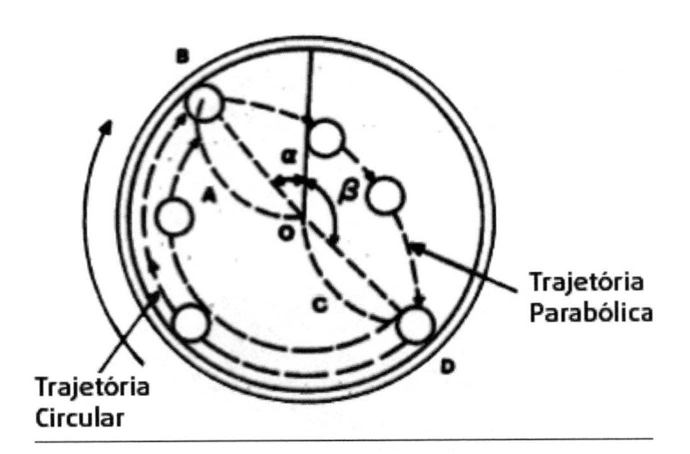

O aumento da velocidade do moinho leva a um momento em que o corpo moedor fica preso à carcaça (pela ação da força centrífuga) durante a volta completa do cilindro.

Os corpos moedores de um moinho em operação apresentam quatro movimentos descritos a seguir:

- **Rotação** → os corpos giram em torno deles mesmos e produzindo fragmentação por compressão.
- **Translação** → movimento circular de acompanhamento da carcaça do moinho até certa altura; não promove nenhuma fragmentação.
- **Deslizamento** → movimento contrário ao movimento do moinho; as várias camadas de corpos moedores deslizam umas sobre as outras e sobre a superfície interna do moinho originando a fragmentação por atrito.
- **Queda** → movimento resultante da queda dos corpos moedores em função da força da gravidade que dá origem à fragmentação por impacto.

7.5.1. Tipos de Moinhos

Os moinhos rotativos têm suas particularidades de acordo com cada modelo em específico; os tipos de moinhos mais comuns seguem conforme discriminados:

7.5.1.1. Moinho de Barras

São moinhos que utilizam barras como meio moedor.

O peso significativo das barras torna este moinho propício para moer material mais grosso, já que a queda de uma barra produz um impacto fulminante, sendo este o princípio de fragmentação predominante.

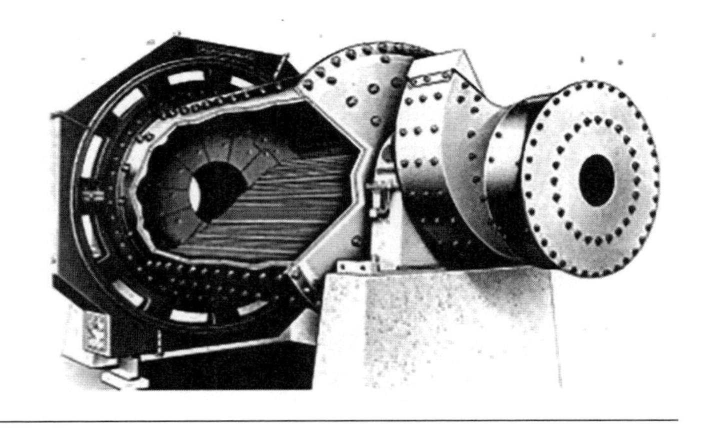

Estes moinhos podem ser considerados máquinas de britagem fina ou de moagem grossa e são destinados para aplicações em materiais argilosos.

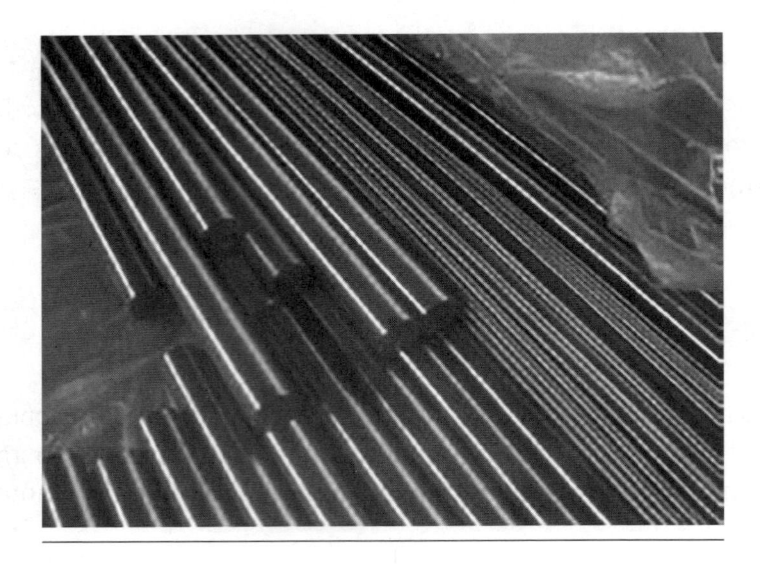

7.5.1.2. Moinho de Bolas

São moinhos rotativos que utilizam esferas de aço fundido ou forjado ou ferro fundido como meio moedor.

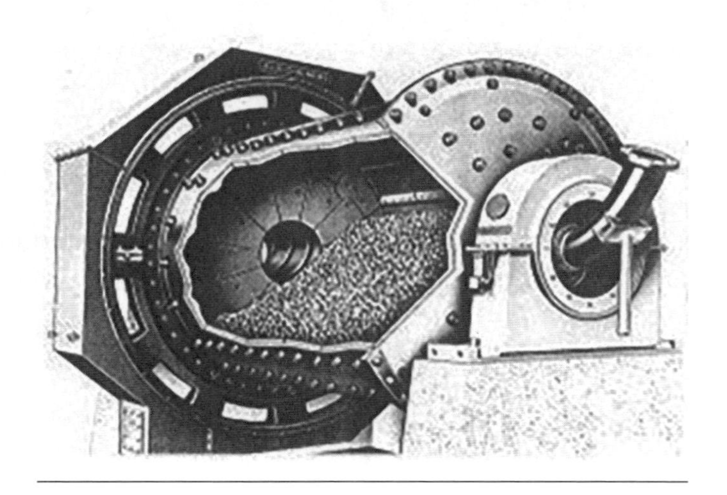

O tamanho dos corpos moedores é um dos principais fatores que afetam a eficiência e a capacidade do moinho. O tamanho próprio das bolas a serem adicionadas a um moinho em operação deve ser adequado para quebrar as maiores partículas da alimentação.

Entretanto, este tamanho não pode ser muito grande, pois o número de contatos de quebra será reduzido, assim como a capacidade do moinho; pode-se adotar o tamanho da maior bola como 4 a 5 vezes o tamanho da alimentação.

7.5.1.3. Moinho Composto

- **Compeb (Compartment Mill)**

  O moinho Compeb é composto por várias câmaras, com grelha entre elas e empregando sempre diafragmas de descarga.

- **Moinho Rodpeb**

  O moinho Rodpeb combina barras em um primeiro compartimento e bolas em um segundo compartimento.

- Moinho Ballpeb (Tube Mill)

  O Tube Mill é um moinho de bolas longo, que recebe alimentação já fina e fornece produto muito fino. Utiliza bolas pequenas e pode ter 1 ou 2 compartimentos.

7.5.1.4. Moinho de Martelos

O moinho de martelos consiste de um eixo girando em alta rotação, no qual ficam presos, de forma articulada, vários blocos ou martelos, como ilustrado na figura a seguir.

As partículas, alimentadas pela parte superior, sofrem o impacto dos martelos e são projetadas contra a superfície interna da câmara, fragmentando-se. O material fragmentado deve, então, passar por uma grelha existente na parte inferior que vai bitolar a granulometria da descarga.

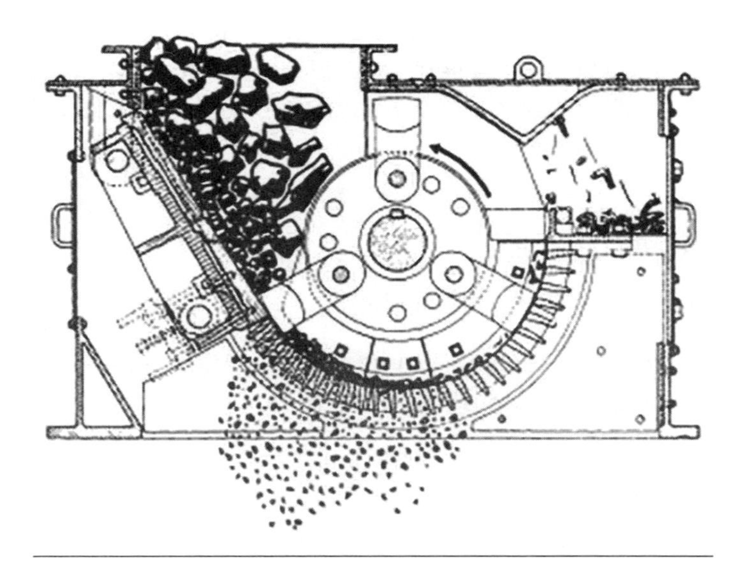

Os moinhos de martelo são usualmente aplicados para triturar ou pulverizar materiais de baixa abrasividade, proporciona alta produção com baixa relação potência consumida por tonelada.

7.5.1.5. Moinho de Discos

Este moinho tem dois discos com ressaltos internos, sendo um fixo e outro móvel dotado de movimento excêntrico, como pode ser visto na Figura 3.22. A alimentação chega ao centro dos discos através da abertura central do disco fixo e aí sofre o impacto, e o atrito do disco móvel, com seu movimento excêntrico, vai fragmentando e forçando o material para a periferia, caindo em uma câmara coletora.

7.5.1.6. Moinho Vibratório

Os moinhos vibratórios são constituídos de dois tubos ou cilindros de moagem sobrepostos que estão rigidamente interligados por meio de travessas e braçadeiras.

Entre eles fica um peso apoiado excentricamente e conectado a um motor. A rotação dos excêntricos, localizados no interior das travessas, provoca vibração nos tubos, produzindo uma oscilação circular de poucos milímetros.

Os tubos são apoiados sobre coxins de borracha a fim de isolar as vibrações e reduzir a transmissão de esforços vibratórios à estrutura.

No moinho vibratório, o mecanismo de quebra dominante é o impacto seguido do atrito.

7.5.1.7. Moinho Vertical (VERTIMILL)

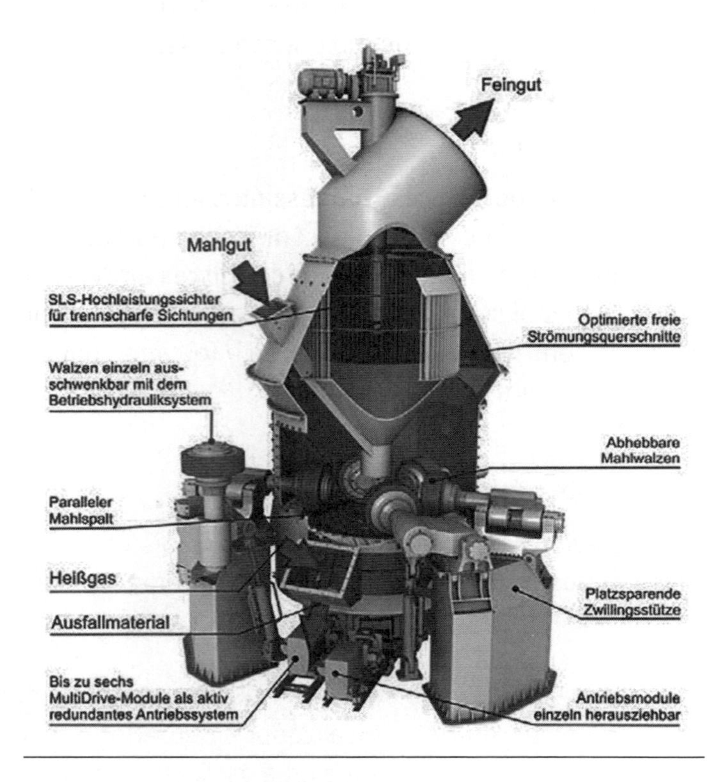

No moinho vertical o processo de moagem ocorre por atrito/abrasão, que consiste na agitação de corpos moedores (roletes de aço e eixos cerâmicos ou naturais) por uma mesa fixa (ou agitador de carga).

A pré-classificação e remoção de granulometria de produto na alimentação reduzem a sobremoagem e aumentam a eficiência. As partículas maiores são arrastadas para a parte inferior do corpo do moinho vertical, onde estão os corpos moedores, sendo moídas.

7.5.1.8. Moinho SRR (Solid Rubber Roller)

O Moinho SRR utiliza barras ou bolas como corpos moedores. Consiste em roletes de borracha que apoiam o moinho e servem para transmitir potência ao mesmo.

7.5.1.9. Moinho Bicônico

O formato do moinho bicônico exerce uma ação classificadora em seu interior, resultando em maior eficiência e menor consumo de energia. Partículas de diferentes tamanhos e densidades são revolvidas no cone, onde ocorre uma autoclassificação, sendo que as partículas maiores se alojam no ponto de maior diâmetro.

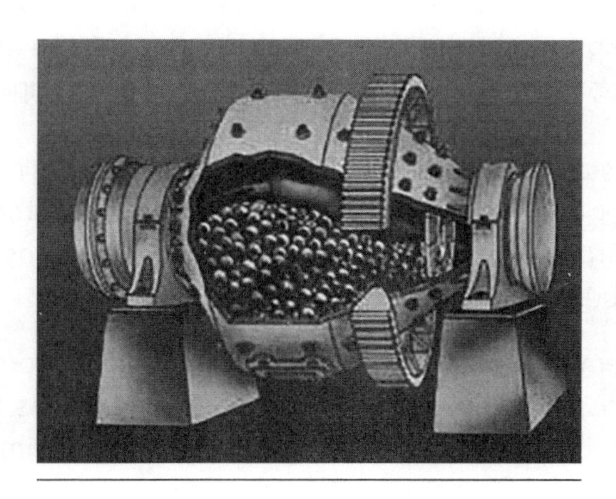

7.5.2. Inspeção Sensitiva dos Moinhos

Os moinhos devem ser muito bem acompanhados pela manutenção, pois a maior parte dos esforços e energia desprendida em todo o processamento do mineral sólido bruto é sustentada e absorvida pelos processos de moagem, onde os custos mais elevados destes processamentos são destinados aos moinhos.

Nestes tipos de equipamentos se aplicam as inspeções sensitivas para detecção de defeitos ou falhas ocultas, pois são componentes de difícil manutenção, onde dependem de uma mão de obra especializada e/ou peças de reposições fabricadas sob medida.

Os componentes trabalham sobre extremas tensões e sempre estão sujeitos a danos causados por fadigas, além de desgastes por abrasão e corrosão.

A inspeção sensitiva e o controle de integridade física dos moinhos através de ensaios não destrutivos são as melhores maneiras para garantir a confiabilidade operacional destes ativos.

Durante uma avaliação de inspeção sensitiva dos moinhos devemos atentar para alguns fatores que podem nos apresentar indícios de alguns defeitos que podem ser eliminados de forma a se antecipar à falha.

- **Sistema de acionamento:** os acionamentos dos moinhos podem ser de diversos tipos, tais como caixas redutoras, correias e coroas. Em ambos os acionamentos devemos observar pequenos defeitos referentes a:

- **Temperaturas:** as temperaturas devem sempre estar dentro dos limites aceitáveis pelo equipamento; as temperaturas muito altas certamente trarão danos gravíssimos ao desempenho da função do equipamento.

- **Vibrações:** os índices de vibrações acima dos percentuais estabelecidos pelo equipamento podem alterar seu comportamento e causar danos irreparáveis, como rupturas das estruturas, afrouxamentos das fixações, desbalanceamentos dos conjuntos, defeitos em rolamentos e oscilações no desempenho do ativo.

- **Ruídos:** a observação do ruído se dá devido ao fato da percepção operacional, uma vez que o equipamento muda o barulho apresentado quando está em operação. Isso é sinal de que alguma coisa não está mais como deveria. Um ruído diferente do normal pode apresentar falhas em um rolamento por falta de lubrificação, fadiga, contaminação, algum tipo de agarramento mecânico, entre outras inúmeras deficiências.

- **Vazamentos:** a existência de vazamentos nos direciona ao rompimento de alguma vedação, o que nos direciona a uma ação mais emergente, pois se o fluido lubrificante chegar a um nível muito baixo, os danos causados ao equipamento podem ser de uma proporção extremamente significativa.

- **Desalinhamentos:** componentes desalinhados podem causar desgastes acentuados, o que agrava a continuidade operacional do ativo. Por isso, a observação quanto ao alinhamento correto do conjunto deve ser seguida e acompanhada com uma frequência significativa a fim de evitar vibrações e desgastes acentuados.

- **Lubrificação:** a lubrificação sempre será essencial a qualquer equipamento, principalmente rotativo. O acompanhamento diário da condição de lubrificação deve ser uma prática de rotina para que se possa garantir que o filme lubrificante esteja aplicado de maneira eficaz e com o lubrificante ideal.

- **Desgastes:** os desgastes podem surgir com frequência nos elementos. Alguns componentes devem receber atenção especial.

Nas correias devemos procurar por marcas de trincas, rachaduras, deslizamentos, escorregamentos, desfibrilamentos, afrouxamentos, tensionamentos irregulares e quantidade de correias instaladas.

Nas coroas de engrenagens, a preocupação deve estar focada na boa lubrificação, pois é ela quem evita o desgaste por trincas e rachaduras, quebra de dentes, embora o desalinhamento e o gap deixado entre os dentes possam ser altamente agressivos para os elementos, dificultando, assim, a transmissão dos movimentos.

- **Sistema de moagem:** os componentes de moagem sofrem acentuados desgastes durante sua vida operacional. Estes desgastes devem ser acompanhados e monitorados. Alguns dos desgastes mais comuns serão informados a seguir, onde toda a atenção deve ser dada a eles e um acompanhamento criterioso deve ser implantado e seguido.
- **Desgastes:** nos moinhos verticais, os desgastes são comuns nas mesas e nos rolos de moagem. Esses desgastes ocasionam um sulco ou uma ranhura que reduzem a eficácia da moagem e necessitam ser restabelecidos para garantirem o perfeito funcionamento e o rendimento da moagem. Grandes causas destes desgastes ocorrem por abrasão da matéria-prima, onde parte desta matéria-prima, principalmente em moagens que utilizam escória de siderurgia como matéria-prima, esta escória possui uma alta porcentagem de minério de ferro o que em contato com a mesa e os rolos causam um acentuado desgaste nos mesmos.

Nos moinhos de bola o tamanho das bolas deve ser observado frequentemente, pois a abrasão e/ou atrito podem levar à diminuição do seu dimensional, afetando assim diretamente a qualidade da moagem, visto que, por mais que os materiais das bolas sejam resistentes, o atrito pode causar danos altamente comprometedores.

Nos moinhos guiados com coroas dentadas, seu engrenamento deve ser inspecionado frequentemente, pois a probabilidade de trincas e/ou quebras dos dentes do engrenamento ocasiona um funcionamento irregular, dificultando o percurso das bolas que devem ser direcionadas a colidirem com a estrutura para o esmagamento e a moagem dos minerais.

Nos moinhos de barras podem ocorrer os mesmos desgastes provenientes dos moinhos de bolas, onde as barras desgastadas ou quebradas podem não ocasionar uma perfeita moagem, já que seus diâmetros e comprimentos são definidos em função da área disponível dentro do moinho levando em consideração o percentual de material inserido. Sendo assim, o dimensional das barras deve ser analisado de tempos em tempos para que se possa retirar as barras danificadas.

Os moinhos de martelos, apesar de geralmente serem utilizados para a moagem de materiais de baixa abrasividade, também sofrem desgastes em seus martelos e eixos, devido à rotação e compressão dos minerais na estrutura do moinho, onde os esforços exercidos podem afetar diretamente os rolamentos do eixo. Sendo assim, a inspeção dos rolamentos é extremamente essencial.

Os moinhos, apesar de serem equipamentos extremamente brutos, possuem elementos de máquinas sensíveis e delicados aos quais devemos desprender toda a atenção e cuidados técnicos em suas avaliações, análises e inspeções.

Aplicando os critérios técnicos de maneira adequada, é possível elevar a confiabilidade dos moinhos aumentando sua disponibilidade com uma alta produtividade e ótima qualidade do produto final a que se destinam as funções de um moinho.

7.6. Pontes Rolantes

São equipamentos aéreos, instalados sobre trilhos de aço utilizados para o transporte e movimentação de cargas, peças e materiais, dentro de um espaço físico predeterminado e com carga máxima definida.

As pontes rolantes representam os elos mais importantes na cadeia da produção e são indispensáveis no transporte de material em todas as organizações industriais.

Existem diversos tipos de Pontes Rolantes, tais como:

- ❑ Ponte Rolante Apoiada.
- ❑ Ponte Rolante Suspensa.
- ❑ Ponte Rolante Mono Vigas.

- Ponte Rolante Dupla Vigas.
- Pórticos Rolantes.
- Gruas, entre outras.

7.6.1. Ponte Rolante Apoiada

A viga da **ponte rolante** corre por cima dos trilhos do caminho de rolamento. Estes trilhos são sustentados pelas colunas metálicas ou de concreto do prédio ou, no caso de o projeto do prédio não ter previsto a instalação de uma ponte rolante, colunas de aço especialmente fabricadas para a estrutura do caminho.

7.6.2. Ponte Rolante Suspensa

A viga da **ponte rolante** corre por baixo dos trilhos das vigas do caminho de rolamentos. Estes trilhos são sustentados pelas colunas metálicas ou de concreto do prédio ou, no caso de o projeto do prédio não ter previsto a instalação de uma ponte rolante, colunas de aço especialmente fabricadas para a estrutura do caminho.

7.6.3. Ponte Rolante Univiga

A **ponte rolante** é constituída por duas cabeceiras, uma única viga e um ou dois carros trolley que sustentam a(s) talha(s). O carro trolley corre na aba inferior da viga da **ponte rolante**.

7.6.4. Ponte Rolante Dupla Viga

A **ponte rolante** é constituída por duas cabeceiras, duas vigas e um ou dois carros trolley que sustentam a(s) talha(s). O carro trolley corre em trilhos que são fixados na parte superior da viga da **ponte rolante**.

7.6.5. Pórticos Rolantes

São equipamentos de movimentação de cargas constituídos por uma estrutura metálica autoportante que se movimentam sobre caminhos de rolamentos disposto no piso. Sob a estrutura da viga move-se uma talha ou sobre vigas duplas move-se um carro-guincho. Nessas condições, a carga do pórtico rolante é movimentada tridimensionalmente, limitada apenas pelo vão do equipamento e pelo caminho de rolamento. Podem ser de uma ou duas vigas e quanto à operação podem ser manuais ou motorizados.

7.6.6. Gruas

São equipamentos de elevação de cargas, sustentados por uma coluna metálica. Sua elevação é por meio de um gancho suspenso por um cabo de aço, e seu transporte ocorre em um raio de vários metros por todos os níveis e em todas as direções.

As pontes rolantes são classificadas de acordo com suas características de utilização.

- ❑ Ponte para Carga Líquida.
- ❑ Ponte tipo Siderúrgicas.
- ❑ Pontes Portuárias.
- ❑ Pontes de Produção.
- ❑ Pontes de Manutenção, entre outras.

Estas características, bem como suas capacidades de cargas, são determinadas por meio de normas altamente exigentes que têm a função de gerir e orientar os projetos de especificação, fabricação, utilização e manutenção das Pontes Rolantes.

As principais normas destinadas às pontes rolantes são:

- Norma FEM – Federation Europeenne da La Manutention, 1.001 3º edição revisão 1998.10.01.
- ABNT - Associação Brasileira de Normas Técnicas.
- ISO - International Standards Organization.
- ANSI - American National Standards Institute.
- AWS D1.1 - American Welding Society – Structural Welding Code – Steel.
- DIN - Deustches Institute for Normung.
- AGMA - American Gear Manufactures Association.
- JIS - Japanese Institute of Standard.

A característica mais marcante em uma Ponte Rolante, sem dúvida, é sua carga de trabalho, a qual pode variar de acordo com a necessidade de cada aplicação.

As Pontes Rolantes possuem diversos equipamentos associados, tais como:

- Vigas Caixão.
- Troller ou carro.
- Rodas.
- Gancho.
- Dromos.

- Cabeceiras.
- Talhas.
- Comandos.
- Cabines.
- Polias.
- Motores.
- Redutores.
- Cabos de Aço, entre outros elementos e componentes.

7.6.7. Ponte

É a estrutura principal que realiza o movimento de translação (movimento de profundidade dentro de um barracão, por exemplo) da **ponte rolante** que cobre o vão de trabalho. Uma ponte rolante é constituída por duas cabeceiras e uma univiga ou biviga.

7.6.8. Cabeceiras

Estão localizadas nas extremidades da viga. Nas cabeceiras estão fixadas as rodas, uma das quais geralmente é acionada por uma caixa de engrenagem, que por sua vez é acionada por um motor elétrico, o que permite o movimento de translação da **ponte rolante**. Essas rodas se movem sobre os trilhos que compõem o caminho de rolamento.

7.6.9. Viga(s)

É a viga principal da **ponte rolante**. Quando o projeto da **ponte rolante** utiliza apenas uma viga, tem-se uma ponte chamada de univiga, e quando o projeto da **ponte rolante** utiliza duas vigas tem-se uma ponte chamada de ponte dupla-viga. Sobre ou sob esta viga, dependendo do tipo de **ponte rolante,** desloca-se o carro da talha.

7.6.10. Carro da talha

O carro da talha se movimenta sobre as vigas principais da ponte e é o mecanismo onde se localiza o sistema de elevação (talha). É responsável pelo deslocamento transversal e vertical da carga. Pelos eixos X e Y é feito esse movimento.

7.6.11. Talha

A talha pode ser montada no carro ponte e é responsável pelo movimento de elevação da carga. Geralmente a talha utiliza um cabo de aço para levantar um bloco de gancho ou dispositivo de elevação. A parada do movimento de elevação utiliza um motor elétrico com freio eletromagnético, chamado de moto freio. A talha também pode ser montada sob a viga principal da ponte, com o auxílio de um Trolley, para permitir o deslocamento na transversal da ponte, não sendo necessário o carro ponte.

7.6.12. Trolley

O trolley movimenta a talha sob a viga da **ponte rolante**. Geralmente o movimento do trolley é realizado por um motor elétrico que aciona uma caixa de engrenagens.

7.6.13. Caminho de Rolamento

Trata-se de um par de trilhos ferroviários, normalmente fixados nas vigas laterais do edifício, que servem como caminho para o deslocamento longitudinal da Ponte Rolante. Esse par de trilhos é posicionado abaixo das rodas da cabeceira e deve ser cuidadosamente calculado para resistir aos esforços existentes no trabalho deste equipamento.

7.6.14. Botoeira pendente

A botoeira pendente é a forma mais tradicional de controlar os movimentos de uma **ponte rolante**. Entretanto, como a botoeira pendente é ligada ao painel elétrico da **ponte rolante** através de um cabo, ela pode contribuir para: aumentar o risco da operação (devido à proximidade do operador com a carga que está sendo movimentada), diminuir a produtividade (o operador pode ter dificuldade em se movimentar entre máquinas e materiais, pois está preso à **ponte rolante** pela botoeira pendente) e aumentar os custos de manutenção (pois o cabo está sujeito a enroscar em algo e a botoeira pendente está sujeita a golpes e pancadas).

7.6.15. Controle remoto

Outra maneira de controlar os movimentos de uma **ponte rolante** é pelo uso de um controle remoto via radiofrequência. Este tipo de equipamento é composto por um receptor de radiofrequência conectado eletricamente ao painel da **ponte rolante**, um transmissor portátil para seleção dos movimentos, carregador de baterias e bateria (química). O uso do controle remoto via radiofrequência oferece algumas vantagens sobre a botoeira pendente:

- O transmissor do controle remoto é portátil, assim, assegura um melhor posicionamento do operador em relação à carga que está sendo movimentada, ou seja, mais segurança na operação da **ponte rolante**.
- O controle remoto permite que o operador se posicione a uma distância segura do receptor que está conectado ao painel da **ponte rolante**, ou seja, o operador pode escolher a melhor e mais eficiente rota dentro da configuração de instalação de fábrica para se locomover, aumentando a produtividade.
- Com o uso do controle remoto, a botoeira pendente pode ser retirada ou pode continuar instalada atuando como reserva

do controle remoto. Em ambos os casos o desgaste dos cabos será mínimo, reduzindo os custos de manutenção da **ponte rolante**.

7.6.16. Cabine

Outra maneira de controlar os movimentos de uma **ponte rolante** é através de uma cabine de operação localizada na própria **ponte rolante**. Este tipo de controle é utilizado quando o ambiente abaixo da ponte é muito agressivo e/ou quando o operador precisa visualizar a operação pelo alto, como, por exemplo, a movimentação de um contêiner.

7.6.17. Inspeção Sensitiva nas Pontes Rolantes

As Pontes Rolantes são caracterizadas e classificadas como equipamentos de movimentação de cargas, as quais necessitam de uma atenção especial, pois seu índice de importância dentro da sistemática de manutenção das organizações recebe as maiores pontuações devido aos riscos aos quais o equipamento pode expor tanto os trabalhadores quanto as matérias-primas ou produtos acabados.

As verificações e inspeções de segurança regulares não são apenas fatores decisivos para a segurança de suas instalações, elas também prolongam a respectiva duração de utilização do ativo, pois os defeitos podem ser detectados e eliminados antes mesmo que as falhas possam ocorrer.

Alguns pontos são cruciais para o perfeito e seguro funcionamento das pontes rolantes, os quais iremos destacar:

- ❑ **Cabos de Aço:** são os componentes mais perigosos de uma ponte rolante, pois são os responsáveis pelo içamento das peças. Por isso, devem ter atenção especial durante sua operação e sua inspeção deve ser realizada por profissionais altamente qualificados. Durante uma inspeção dos cabos de aço, devemos procurar por desgastes, tais como a quantidade de fios rompidos em sua extensão, a espessura do cabo, os defeitos do cabo de aço como pernas de cachorro, amassamento, alma saltada, deficiência de lubrificação, impregnação de sujeira, oxidação, entre outras anormalidades mencionadas detalhadamente no "Manual Básico para Inspetor de Manutenção Industrial 1".

- **Trilhos:** são essenciais, pois são eles que guiam as pontes rolantes para que cumpram seu caminho de forma precisa e perfeita. Durante sua inspeção, devemos atentar para o correto alinhamento e nivelamento dos trilhos, pois a deficiência de quaisquer um destes pontos pode acarretar em um caminho irregular que automaticamente irá atritar contra as abas das rodas que irão se desgastar de forma significativa por possuírem uma resistência muito menor do que a dos trilhos. Também devemos atentar para a fixação das castanhas de sustentação dos trilhos quando os mesmos possuem estas características, pois os trilhos podem possuir uma característica flutuante que exclui tal aplicação.

- **Rodas:** são responsáveis pelo deslocamento da ponte rolante, o que dá a elas uma imensa responsabilidade e uma extrema exigência na perfeição de suas funções. Sua inspeção é bem criteriosa, pois precisamos avaliar as condições externas das rodas, tais como o desgaste da pista e das abas de sustentação. Tal desgaste se dá devido ao atrito gerado pelo contato com os trilhos e quanto maior a carga a ser transportada maior a resistência que será exigida pelas rodas, aumentando assim o atrito e ocasionando os desgastes. Além dos desgastes das rodas, é necessário atentar-se para o rolamento onde a alta temperatura pode ser prejudicial e deve ser monitorada, bem como quaisquer ruídos estranhos em seus movimentos, bem como sua lubrificação e fixação.

- **Redutores:** transmitem os movimentos aos componentes para realizarem suas funções e precisam de uma avaliação bem intensa e observações do nível de óleo do reservatório, o qual deve estar dentro dos valores estabelecidos. A temperatura excessiva é uma preocupação muito significativa, vazamentos de óleo devem ser banidos dos redutores, sua fixação deve ser a mais correta possível e a vibração deve ser controlada.

- **Cabeceiras:** são as bases estruturais que definem a rigidez da ponte rolante e devem ser isentas de trincas e/ou fissuras, as quais também devem sempre manter sua fixação bem torqueada, alinhada e nivelada.

- **Dromos:** tradicionalmente conhecido como o tambor enrolador de cabos de aço, onde o cabo é enrolado durante a elevação do gancho no momento do içamento das peças. A inspeção do Dromos é realizada em seus mancais de sustentação, os quais devem ser monitorados com relação a sua temperatura, vibração, lubrificação, ruídos estranhos e suas fixações. Além destes detalhes, também é necessário inspecionar com mais critérios os sulcos ou canais onde alojam os cabos de aço. Os desgastes nestes canais podem afetar diretamente o cabo de aço e acelerar seu desgaste. Desta forma, estes canais devem ser medidos frequentemente com um calibre de raio e comparado com os valores de projetos. Trincas também não são bem-vindas na estrutura do Dromus. Sendo assim, uma inspeção por Líquido Penetrante é primordial para garantir a segurança do componente. Sugerimos também realizar um ensaio de ultrassom pelo menos uma vez ao ano para a verificação de trincas internas e/ou descontinuidades que possam se propagar e se transformar em uma fissura.

- **Polias:** são os caminhos que os cabos percorrem para realizar a união entre suas extremidades para se entrelaçar ao Dromos e garantir seus movimentos de sobe e desce. Assim como nos

Dromos, nas polias a inspeção também é realizada em seus mancais de sustentação, os quais devem ser monitorados com relação a sua temperatura, lubrificação, ruídos estranhos e suas fixações. Além destes detalhes, também é necessário inspecionar com mais critérios os sulcos ou canais onde alojam os cabos de aço. Os desgastes nestes canais podem afetar diretamente o cabo de aço e acelerar seu desgaste. Desta forma, estes canais devem ser medidos frequentementes com um calibre de raio e comparado com os valores de projetos. Trincas também não são bem-vindas na estrutura das polias. Sendo assim, uma inspeção por Líquido Penetrante é primordial para garantir a segurança do componente. Sugerimos também realizar um ensaio de ultrassom pelo menos uma vez ao ano para a verificação de trincas internas e/ou descontinuidades que possam se propagar e se transformar em uma fissura.

- **Freios:** geralmente nas pontes rolantes são estacionários, onde somente freiam após a parada da ponte, o que mantém a ponte na posição parada sem se movimentar. A inspeção dos freios é realizada para garantir que sua frenagem seja perfeita e não deixar a ponte se movimentar após sua parada. As pastilhas de freio devem ser observadas, pois seu desgaste acentuado pode se tornar ineficaz quando sua função for exigida; a regulagem dos freios também afeta seu funcionamento, bem como sua fixação deve ser avaliada.
- **Vigas:** são as sustentações oficiais das pontes. Sua inspeção consiste em garantir sua fixação, não evidenciar nenhuma trinca, pois pode comprometer a estrutura. Da ponte rolante as vigas são os únicos componentes que podem caracterizar

a condenação de uma ponte rolante, pois uma das inspeções mais complexas nas pontes rolantes é o teste de flambagem das vigas onde uma carga nominal é sustentada pela ponte em seu eixo central e com esta carga suspensa realiza-se uma medição através de topografia para verificar a grau de flambagem da viga. Após a medição, retira-se a carga e realiza-se nova medição no mesmo ponto. Com os valores coletados, avalia-se o diferencial das medidas. Este diferencial não pode ser maior do que a distância do vão da ponte dividido por 800. Caso este valor seja superior, isso indica que a viga principal da ponte está comprometida e sua flexão pode agravar o funcionamento da ponte, correndo o risco de descarrilhar durante seus movimentos.

- **Gancho:** são as hastes de apoio das cargas a serem içadas; sua inspeção consiste em uma avaliação do raio de abertura do gancho onde a alteração deste raio caracteriza a deformação do mesmo.Além destes detalhes, também é necessário inspecionar com mais critérios a existência de trincas que também não são bem-vindas na estrutura dos ganchos. Sendo assim, uma inspeção por Líquido Penetrante é primordial para garantir a segurança do componente. Sugerimos também realizar um ensaio de ultrassom pelo menos uma vez ao ano para a verificação de trincas internas e/ou descontinuidades que possam se propagar e se transformar em uma fissura.

Como as pontes rolantes podem gerar um risco significativo, elas se tornam equipamentos com um alto potencial de acidentes graves, por isso a inspeção deve ser bem realizada e criteriosa, seguindo todos os passos que a Norma NBR 8400 nos direciona para que sejam aplicadom.

Os profissionais que realizam estas inspeções devem ser altamente qualificados e comprometidos com a segurança do equipamento e dos trabalhadores que se encontram abaixo da carga a ser suspensa e transportada.

7.7. Peneiras

Peneiramento é uma técnica simples e conveniente de separar partículas de diferentes tamanhos.

As peneiras podem ser vibratórias ou rotativas.

7.7.1. Peneiras Vibratórias

São mecânicas também comumente referidas como separadores vibratórios ou máquinas de triagem; são uma parte tradicional de processamento de pós de granéis sólidos. Eles classificam os materiais, separando-os por tamanho de partícula através de uma malha de tela. Usando uma combinação de movimentos horizontais e verticais por meio de um motor vibratório, espalham o material sobre uma tela em padrões de fluxo controlado e estratificam o produto. Há três funções principais que uma peneira vibratória ou separador pode alcançar:

- ❑ **Verificação e triagem/segurança:** utilizada para a garantia da qualidade por meio da verificação de contaminantes estrangeiros e material de grandes dimensões, que devem ser removidos do produto.
- ❑ **Classificação/dimensionamento de triagem:** usado para classificar grau ou material em diferentes tamanhos de partículas.
- ❑ **Triagem de recuperação:** usada para recuperar materiais valiosos no fluxo de resíduos para reutilização.

- ❑ As peneiras vibratórias podem ser suspensas ou fixas.

7.7.2. Peneiras Vibratórias Suspensas

Também conhecidas como peneiras para seleção de cavacos, são constituídas por uma estrutura em forma de caixa, suspensa por quatro cabos de aço. As malhas de classificação são fixadas aos deck's através de parafusos. A inclinação dos deck's é de 80.

- ❑ A Peneira em funcionamento descreve um movimento oscilatório de amplitude em torno de 100 mm com frequência de 3,33 Hz.
- ❑ O material oriundo do processo de picagem é alimentado através de um transportador ou rosca dosadora e descarregado ao deck superior de peneiramento.
- ❑ Os overs classificados são direcionados a calha de rejeitos. Cerca da metade dos cavacos aceitos permanecem no deck intermediário, enquanto a outra metade de cavacos finos cai para o deck inferior.
- ❑ As frações aceitas no deck intermediário e no deck inferior são descarregadas na largura total da peneira para a calha de cavacos aceitos.
- ❑ Os finos passam através do deck inferior para o fundo da peneira, onde são direcionados a uma calha.
- ❑ O movimento oscilatório da peneira é gerado por um eixo vertical bimancalizado com braços e contrapesos excêntricos montados nas extremidades.
- ❑ O eixo é fabricado em aço liga e os contrapesos são fixados ao eixo através de buchas de fixação.

- ❑ O eixo vertical é acionado por um motor elétrico cuja transmissão é feita por um conjunto de correias em "V".
- ❑ A peneira é suspensa por quatro cabos de aço fixados a uma estrutura suporte, assistidos por cabos auxiliares de segurança e sensores de alarme de rompimento.

7.7.3. Peneiras Vibratórias Fixas

Também conhecidas como uma máquina com uma ou mais superfície perfurada, utilizadas para classificar partículas em várias frações.

- ❑ As superfícies podem ser feitas de tela, barras ou chapas perfuradas.

- As aberturas podem ser quadradas, circulares, retangulares ou de outra forma qualquer. Quanto ao material de construção, podem ser metálicas ou não.
- Cada superfície perfurada é normalmente chamada de deck.
- Seu funcionamento consiste sob efeito de movimento vibratório, o material a ser classificado ao ser lançado na peneira, e ao deslocar-se sobre a superfície perfurada as partículas menores vão escoando através dos espaços vazios criados pelas partículas maiores, encaminhando-se para a parte inferior da camada, indo de encontro com a superfície perfurada, enquanto as partículas maiores tendem a se deslocar na parte superior.
- Esse processo chama-se Estratificação.
- O processo de as partículas introduzirem-se em aberturas e serem rejeitadas se maiores ou de passarem, se menores, chama-se Probabilidade de Separação.
- Essa probabilidade é função da relação entre o tamanho da partícula e o tamanho da abertura, podendo a partícula passar ou ser rejeitada mais facilmente, evitando-se o entupimento das aberturas.
- O movimento vibratório é produzido por mecanismos baseados em massas excêntricas com amplitude variável.
- Para uma boa separação, é necessário ter-se uma relação correta entre amplitude e frequência, para que, ao deslocar-se sobre a superfície de peneiramento, as partículas não caiam na mesma abertura, e nem saltem ultrapassando várias aberturas.
- Das peneiras vibratórias, 80% são do tipo inclinada, e os outros 20%, horizontais.

- Em uma mesma peneira podemos ter várias superfícies perfuradas superpostas com diferentes malhas em ordem decrescente de cima para baixo.

7.7.4. Peneiras Rotativas

São mecânicas também comumente referidas como separadores giratórios ou máquinas de triagem; são uma parte tradicional de processamento de pós de granéis sólidos. Eles classificam os materiais, separando-os por tamanho de partícula através de uma malha de tela. Usando uma combinação de movimentos rotativos e insuflamento de ar por meio de um ventilador que mantém os materiais em suspensão sobre uma tela circular em forma de tambor em padrões de fluxo controlado e estratificar o produto. Há três funções principais de uma peneira vibratória ou separador pode alcançar:

- Verificação e triagem/segurança: utilizada para a garantia da qualidade por meio da verificação de contaminantes estrangeiros e material de grandes dimensões, que devem ser removidos do produto.

- Classificação/dimensionamento de triagem: usado para classificar grau ou material em diferentes tamanhos de partículas.
- Triagem de recuperação: usada para recuperar materiais valiosos no fluxo de resíduos para reutilização.

A Peneira Rotativa realiza a separação dos sólidos. Formada por um tambor filtrante rotativo, montado horizontalmente sobre a estrutura de sustentação, através de flanges de centralização e mancais de apoio. O acionamento é formado por um conjunto motorredutor, de forma a manter uma velocidade adequada do tambor, para uma eficiente remoção dos sólidos. O material entra pela parte traseira da peneira, sendo distribuído igualmente por meio de um defletor, ao longo de todo o comprimento.

Sua construção consiste em:

- **Tambor:** perfis espiralados em aço inoxidável AISI 304.
- **Estrutura e caixa inferior:** aço carbono revestido de pintura epóxi ou inox 304 ou316.
- **Acionamento:** conjunto motorredutor formado por motor elétrico com proteção IP-55 e redutor tipo rosca de engrenagens helicoidais.

- **Mecanismo de Limpeza:** formado por um tubo com perfurações situado no interior do cilindro fabricado em Aço Inox AISI 304, 316 ou Aço Galvanizado.

7.7.5. Inspeção Sensitiva nas Peneiras

As peneiras, apesar de serem equipamentos visivelmente brutos e resistentes, também são ativos que necessitam de acompanhamentos frequentes através dos sentidos de um profissional habilitado e qualificado para que seja possível predizer suas condições normais de operação com confiabilidade para garantir a disponibilidade produtiva.

7.7.6. Peneiras Vibratórias Suspensas

- **Desgastes dos Cabos de Aço:** este tipo de peneira possui dois tipos de cabos de aço, um de sustentação e outro de segurança. Em ambos os cabos de aço devemos direcionar uma atenção extrema, pois são eles que garantem toda a força de sustentação de todo o conjunto. Os cabos de aço devem ter atenção especial durante sua operação, e sua inspeção deve ser realizada por profissionais altamente qualificados. Durante uma inspeção dos cabos de aço, devemos procurar por desgastes, tais como a quantidade de fios rompidos em sua extensão, a espessura do cabo, os defeitos do cabo de aço como pernas de cachorro, amassamento, alma saltada, deficiência de lubrificação, impregnação de sujeira, oxidação, entre outras anormalidades mencionadas detalhadamente no "Manual Básico para Inspetor de Manutenção Industrial 1".

- ❑ **Desgastes das Correias:** durante a inspeção das correias de transmissão da peneira, o inspetor deve atentar para a análise de alguns defeitos provenientes de possíveis desgastes que são altamente prejudiciais ao seu perfeito funcionamento. Verificar a existência de rachaduras nas correias, a alta temperatura das correias que podem causar uma fragilização na estrutura interna, vindo a romper e/ou causar rachaduras, verificar a existência de desfiamento das paredes laterais que indicam derrapagens por inserção de sujeiras, verificar o alinhamento do sistema, pois qualquer desalinhamento pode causar uma vibração anormal das correias. A tensão das correias é extremamente importante para seu funcionamento e seu afrouxamento causa funcionamento irregular e/ou pulo de canais, já sua tensão excessiva pode causar rompimento ou sobrecarga do sistema. Lembrando que, em uma eventual necessidade de substituir uma correia com defeito, todo o kit de correias deverá ser substituído, e não somente a correia danificada (para detalhes mais aprofundados sobre as técnicas e variações de inspeção deste elemento de máquina, consulte o capítulo 7.6 do livro "Manual Básico para Inspetor de Manutenção Industrial I").

- ❑ **Alinhamento do conjunto:** os conjuntos de eixos, mancais e polias devem estar sempre alinhados, a fim de evitar desgastes excessivos nos componentes. Deve-se conferir frequentemente o alinhamento das polias para que se possa garantir que não haja desgastes nos canais, nas correias e principalmente nos rolamentos, pois, por mais que o equipamento possa utilizar rolamentos autocompensadores, estes rolamentos somente absorvem desalinhamentos de projeto e jamais deverão ser submetidos a desalinhamentos de instalação.

- **Desgastes das Polias:** as polias são componentes que devem ser analisados periodicamente, pois os desgastes dos canais de deslizamento podem acarretar em diversos defeitos das correias. Além da verificação da existência de trincas na estrutura das polias, a calibração dos canais também deve ser verificada, pois a abertura excessiva nos canais causa um superaquecimento no conjunto, desgastando as correias e transferindo esta temperatura para os motores e demais componentes (para detalhes mais aprofundados sobre as técnicas e variações de inspeção deste elemento de máquina, consulte o capítulo 7.7 do livro "Manual Básico para Inspetor de Manutenção Industrial I").

- **Mancais de Rolamentos:** a inspeção nos mancais de rolamentos consiste em avaliar a condição atual da lubrificação dos mancais, o ruído desprendido pelos rolamentos, a temperatura na qual o rolamento se encontra, a vibração do conjunto e a fixação dos mancais na estrutura (para detalhes mais aprofundados sobre as técnicas e variações de inspeção deste elemento de máquina, consulte o capítulo 7.2 do livro "Manual Básico para Inspetor de Manutenção Industrial I").

- **Trincas na Estrutura:** deve-se verificar a existência de trincas em toda a estrutura da peneira. Devido aos esforços aos quais a estrutura é submetida, a mesma pode sofrer trincas tanto na estrutura de aço quanto na estrutura de concreto. O aparecimento de tais trincas pode ser um sério indício de que a vibração irregular do conjunto pode estar supostamente excessiva de forma a comprometer a fixação da peneira.

- **Fixação da Peneira:** a fixação das bases da peneira é um fator primordial durante a inspeção, pois, como o equipamento desprende uma força descomunal durante a operação, sua fixação deve absorver todo este impacto sem variações de trepidação ou desalinhamento de todo o conjunto. Ao menor sinal de afrouxamento das fixações, o inspetor deve solicitar um novo torqueamento das fixações de suas bases e/ou partes unidas.

- **Unidade de Lubrificação da Peneira:** a unidade hidráulica, o sistema de lubrificação centralizada da peneira deve conter todos os cuidados oriundos dos componentes gerais, porém as limpezas dos pontos lubrificados devem ser observadas, as agulhas do sistema de lubrificação devem ser monitoradas, pois seu ciclo de operação é que garante que o lubrificante está sendo bombeado para os rolamentos. As mangueiras também devem ser analisadas quanto às rachaduras e/ou fissuras que facilitem a saída do lubrificante antes de atingir o ponto a ser lubrificado.

- **Vazamentos de Graxa:** a existência de vazamentos nos direciona ao rompimento de alguma vedação, o que nos inclina a uma ação mais emergente, pois, se o fluido lubrificante chegar a um nível muito baixo, os danos causados ao equipamento podem ser de uma proporção extremamente significativa. Por isso, os retentores dos mancais de rolamentos devem ser analisados frequentemente quanto à rigidez, flexibilidade e pressão das molas.

- **Telas:** são consideradas o coração da peneira, pois são elas que realizam o trabalho esperado. Sendo assim, elas devem estar bem fixadas e sem rachaduras. Os diâmetros dos furos também devem ser inspecionados para garantir uma seleção e separação perfeita. Sua obstrução também é altamente prejudicial para o rendimento produtivo.

- **Teste de Circularidade da Peneira:** este teste garante o correto balanceamento do conjunto durante o desenvolvimento do peneiramento. É feito basicamente com a fixação de uma caneta em uma das extremidades da peneira, e com a mesma em funcionamento aproxima-se uma prancheta com uma folha de papel e deixa que a caneta risque o papel. O movimento da peneira vai transferir para o papel toda a sua circularidade de forma uniforme de acordo com suas condições de funcionamento. Quanto mais circulares os riscos estiverem, melhor será o balanceamento do conjunto e alinhamento dos contrapesos.

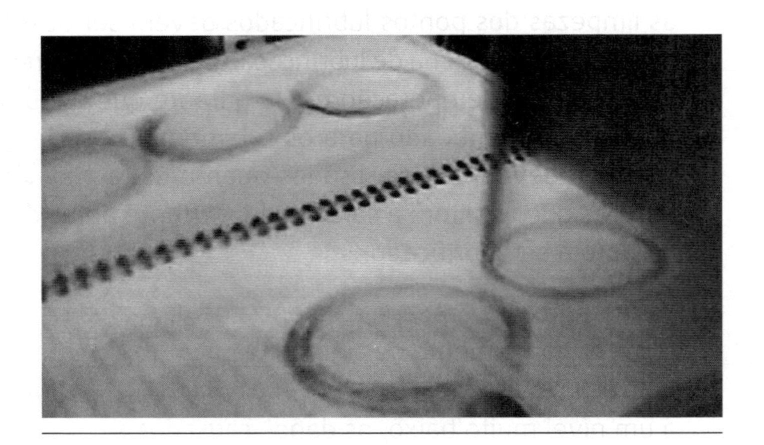

7.7.7. Peneiras Vibratórias Fixas

- **Alinhamento do conjunto:** os conjuntos de eixos, mancais e polias devem estar sempre alinhados, a fim de evitar desgastes excessivos nos componentes. Deve- se conferir frequentemente o alinhamento das polias para que se possa garantir que não haja desgastes nos canais, nas correias e principalmente nos rolamentos, pois, por mais que o equipamento possa utilizar rolamentos autocompensadores, estes rolamentos somente absorvem desalinhamentos de projeto e jamais deverão ser submetidos a desalinhamentos de instalação.

- **Mancais de Rolamentos:** a inspeção nos mancais de rolamentos consiste em avaliar a condição atual da lubrificação dos mancais, o ruído desprendido pelos rolamentos, a temperatura na qual o rolamento se encontra, a vibração do conjunto e a fixação dos mancais na estrutura (para detalhes mais aprofundados sobre as técnicas e variações de inspeção deste elemento de máquina, consulte o capítulo 7.2 do livro "Manual Básico para Inspetor de Manutenção Industrial I").

- **Trincas na Estrutura:** deve-se verificar a existência de trincas em toda a estrutura da peneira. Devido aos esforços aos quais a estrutura é submetida, a mesma pode sofrer trincas tanto na estrutura de aço quanto na estrutura de concreto. O aparecimento de tais trincas pode ser um sério indício de que a vibração irregular do conjunto pode estar supostamente excessiva de forma a comprometer a fixação da peneira.

- **Fixação da Peneira:** a fixação das bases da peneira é um fator primordial durante a inspeção, já que, como o equipamento desprende uma força descomunal durante a operação, sua fixação deve absorver todo este impacto sem variações de trepidação ou desalinhamento de todo o conjunto. Ao menor sinal de afrouxamento das fixações, o inspetor deve solicitar um novo torqueamento das fixações de suas bases e/ou partes unidas.

- **Unidade de Lubrificação da Peneira:** a unidade hidráulica, o sistema de lubrificação centralizada da peneira deve conter todos os cuidados oriundos dos componentes gerais, porém as limpezas dos pontos lubrificados devem ser observadas, as agulhas do sistema de lubrificação devem ser monitoradas, pois seu ciclo de operação é que garante que o lubrificante está sendo bombeado para os rolamentos. As mangueiras também devem ser analisadas quanto às rachaduras e/ou fissuras que facilitem a saída do lubrificante antes de atingir o ponto a ser lubrificado.

- **Vazamentos de Graxa:** a existência de vazamentos nos direciona ao rompimento de alguma vedação, o que nos inclina a uma ação mais emergente, pois, se o fluido lubrificante chegar a um nível muito baixo, os danos causados ao equipamento podem ser de uma proporção extremamente significativa. Por isso, os retentores dos mancais de rolamentos devem ser analisados frequentemente quanto à rigidez, flexibilidade e pressão das molas.

- **Molas de Amortecimento:** as molas de amortecimento desempenham um papel fundamental neste tipo de peneira, pois elas não somente exercem a função de amortecimento de choque, como também funcionam como sistema de frenagem do britador durante o princípio de desligamento do conjunto, onde a força exercida pela mola como impulso também exerce uma resistência de frenagem quando o motor tende a ser desligado, fazendo com que o equipamento venha a ter uma parada mais suave, sem danos para o conjunto. Deve-se observar nas molas o desgaste de suas espiras, a limpeza em volta, pois as projeções de partículas projetadas para fora do britador é muito grande e podem se aglomerar em volta da mola, limitando, assim, seu curso de compressão. As trincas nas estruturas das molas jamais devem existir,pois deixam as mesmas inoperantes. O cansaço da mola é um fator comum nos dias atuais, porém é um defeito difícil de se detectar, porque, como não possuímos meios sensitivos de precisar a perda da elasticidade ou de compressão das molas, somente durante testes externos teremos como detectar, porém, quando o equipamento balança demais de forma não percebida anteriormente, pode ser um indício de que a mesma se encontra nesta condição e deve ser substituída. As molas jamais devem sofrer superaquecimento, quer seja nos ambientes de trabalho e/ou provenientes de cortes e soldas. As altas temperaturas alteram as características mecânicas das molas causando um destemperamento irregular que certamente irá causar uma fissura ou quebra.

- **Temperaturas:** devem sempre estar dentro dos limites aceitáveis pelo equipamento; as temperaturas muito altas certamente trarão danos gravíssimos ao desempenho da função do equipamento.

- **Vibrações:** os índices de vibrações acima dos percentuais estabelecidos pelo equipamento podem alterar seu comportamento e causar danos irreparáveis, como rupturas das estruturas, afrouxamentos das fixações, desbalanceamentos dos conjuntos, defeitos em rolamentos e oscilações no desempenho do ativo.

- **Ruídos:** a observação do ruído se dá devido à percepção operacional, uma vez que o equipamento muda o barulho que apresenta quando está em operação; isso é sinal de que alguma coisa não está mais como deveria. Um ruído diferente do normal pode apresentar falhas em um rolamento por falta de lubrificação, fadiga, contaminação, algum tipo de agarramento mecânico, entre outras inúmeras deficiências.

- **Redutores:** os redutores transmitem os movimentos aos componentes para realizarem suas funções e precisam de uma avaliação bem intensa e observações do nível de óleo do reservatório, o qual deve estar dentro dos valores estabelecidos; a temperatura excessiva é uma preocupação muito significativa, vazamentos de óleo devem ser banidos dos redutores, sua fixação deve ser a mais correta possível e a vibração deve ser controlada.

- **Vibradores:** transmitem os movimentos vibratórios para o funcionamento da peneira; estes componentes, para realizarem suas funções, precisam de uma avaliação bem intensa e observações do nível de óleo do reservatório que deve estar dentro dos valores estabelecidos; a temperatura excessiva é uma preocupação muito significativa, vazamentos de óleo devem ser banidos dos redutores, sua fixação deve ser a mais correta possível e a vibração deve ser controlada.

- **Telas:** são consideradas o coração da peneira, pois são elas que realizam o trabalho esperado. Sendo assim, elas devem estar bem fixadas e sem rachaduras. Os diâmetros dos furos também devem ser inspecionados para garantir uma seleção e separação perfeita. Sua obstrução também é altamente prejudicial para o rendimento produtivo.

7.7.8. Peneiras Giratórias

- **Alinhamento do conjunto:** os conjuntos de eixos, mancais e polias devem estar sempre alinhados a fim de evitar desgastes excessivos nos componentes. Deve-se conferir frequentemente o alinhamento das polias para que se possa garantir que não haja desgastes nos canais, nas correias e principalmente nos rolamentos, pois, por mais que o equipamento possa utilizar rolamentos autocompensadores, estes rolamentos somente absorvem desalinhamentos de projeto e jamais deverão ser submetidos a desalinhamentos de instalação.

- **Mancais de Rolamentos:** a inspeção nos mancais de rolamentos consiste em avaliar a condição atual da lubrificação dos mancais, o ruído desprendido pelos rolamentos, a temperatura na qual o rolamento se encontra, a vibração do conjunto e a fixação dos mancais na estrutura (para detalhes mais aprofundados sobre as técnicas e variações de inspeção deste elemento de máquina, consulte o capítulo 7.2 do livro "Manual Básico para Inspetor de Manutenção Industrial I").

- **Trincas na Estrutura:** deve-se verificar a existência de trincas em toda a estrutura da peneira. Devido aos esforços aos quais a estrutura é submetida, ela pode sofrer trincas tanto na estrutura de aço quanto na estrutura de concreto. O aparecimento de tais trincas pode ser um sério indício de que a vibração irregular do conjunto pode estar supostamente excessiva de forma a comprometer a fixação da peneira.

- **Fixação da Peneira:** a fixação das bases da peneira é um fator primordial durante a inspeção, pois, como o equipamento desprende uma força descomunal durante a operação, sua fixação deve absorver todo este impacto sem variações de trepidação ou desalinhamento de todo o conjunto. Ao menor sinal de afrouxamento das fixações, o inspetor deve solicitar um novo torqueamento das fixações de suas bases e/ou partes unidas.

- **Unidade de Lubrificação da Peneira:** a unidade hidráulica, o sistema de lubrificação centralizada da peneira deve conter todos os cuidados oriundos dos componentes gerais, porém as limpezas dos pontos lubrificados devem ser observadas, as agulhas do sistema de lubrificação devem ser monitoradas, pois seu ciclo de operação é que garante que o lubrificante está sendo bombeado para os rolamentos. As mangueiras também devem ser analisadas quanto a rachaduras e/ou fissuras que facilitem a saída do lubrificante antes de atingir o ponto a ser lubrificado.

- **Temperaturas:** devem sempre estar dentro dos limites aceitáveis pelo equipamento; as temperaturas muito altas certamente trarão danos gravíssimos ao desempenho da função do equipamento.

- **Vibrações:** os índices de vibrações acima dos percentuais estabelecidos pelo equipamento podem alterar seu comportamento e causar danos irreparáveis, como rupturas das estruturas, afrouxamentos das fixações, desbalanceamentos dos conjuntos, defeitos em rolamentos e oscilações no desempenho do ativo.

- **Ruídos:** a observação do ruído se dá devido à percepção operacional, uma vez que o equipamento muda o barulho que apresenta quando está em operação; isso é sinal de que alguma coisa não está mais como deveria. Um ruído diferente do normal pode apresentar falhas em um rolamento por falta de lubrificação, fadiga, contaminação, algum tipo de agarramento mecânico, entre outras inúmeras deficiências.

- **Redutores:** transmitem os movimentos aos componentes para realizarem suas funções e precisam de uma avaliação bem intensa e observações do nível de óleo do reservatório que deve estar dentro dos valores estabelecidos; a temperatura excessiva é uma preocupação muito significativa, vazamentos de óleo devem ser banidos dos redutores, sua fixação deve ser a mais correta possível e a vibração deve ser controlada.

- **Telas:** são consideradas o coração da peneira, pois são elas que realizam o trabalho esperado. Sendo assim, elas devem estar bem fixadas e sem rachaduras. Os diâmetros dos furos também devem ser inspecionados para garantir uma seleção e separação perfeita. Sua obstrução também é altamente prejudicial para o rendimento produtivo.

- **Desgastes das Correias:** durante a inspeção das correias de transmissão da peneira, o inspetor deve atentar para a análise de alguns defeitos provenientes de possíveis desgastes, os quais são altamente prejudiciais ao seu perfeito funcionamento. Verificar a existência de rachaduras nas correias, a alta temperatura das correias que podem causar uma fragilização na estrutura interna, vindo a romper e/ou causar rachaduras, verificar a existência de desfiamento das paredes laterais as quais indicam derrapagens por inserção de sujeiras, verificar o alinhamento do sistema, pois qualquer desalinhamento pode causar uma vibração anormal das correias. A tensão das correias é extremamente importante para seu funcionamento, onde seu afrouxamento causa funcionamento irregular e/ou pulo de canais, já sua tensão excessiva pode causar rompimento ou sobrecarga do sistema. Lembrando que em uma eventual necessidade de substituir uma correia com defeito todo o kit de correias deverá ser substituído e não somente a correia danificada (para detalhes mais aprofundados sobre as técnicas e variações de inspeção deste elemento de máquina, consulte o capítulo 7.6 do livro "Manual Básico para Inspetor de Manutenção Industrial I").

Todas as peneiras, quer sejam vibratórias ou rotativas, necessitam de um acompanhamento único detalhado e específico durante o seu funcionamento. A detecção dos defeitos auxilia o planejamento da manutenção a corrigir as anomalias antes que as mesmas venham a causar uma falha, gerando assim uma descontinuidade operacional, prejudicando todo o ciclo da cadeia produtiva.

7.8. Mandril Industrial

O mandril é um equipamento que faz parte do conjunto de uma bobinadeira ou desbobinadeira.

É montado sob sustentação de uma caixa redutora de grande porte, a qual é responsável pelo seu movimento rotativo que permite o enrolamento ou desenrolamento do material a ser processado, esuportado por um mancal móvel que permite absorver a carga exigida pela força de tração e pelo peso da bobina.

Seu funcionamento consiste em

- **Desbobinamento:** absorve a bobina enquanto está contraído, expande após a inserção da bobina para realizar o travamento, inicia o giro e mantém o mandril expandido durante todo o desenrolamento da bobina. Após a finalização do desenrolamento, o mesmo se contrai novamente para receber uma nova bobina.

- **Bobinamento:** absorve a ponta inicial da bobina enquanto está contraído através do clamp. Expande-se para aumentar seu diâmetro e travar a ponta da bobina. Inicia-se o enrolamento através do giro da redutora até o tamanho ideal da bobina a ser processada. Finalizado o enrolamento, contrai-se o mandril e retira a bobina processada.

Sua expansão e contração ocorrem através de um cilindro hidráulico de dupla ação que, acoplado à haste principal, realiza o movimento de avanço e recuo que movimenta a haste que, por sua vez, apoiada no plano inclinado, força a estrutura do eixo oco com a castanha obrigando a castanha a se movimentar em um sentido diagonal, transmitindo o movimento de aumento do diâmetro do mandril.

Durante a rotação do mandril, é possível expandir e contrair o mesmo devido ao auxílio de uma válvula rotativa que mantém o cilindro hidráulico parado enquanto o mandril gira através da redutora principal.

É composto por diversas partes que desempenham um papel essencial em seu funcionamento:

a. **Haste Principal:** é um eixo que sustenta toda a estrutura do mandril, que, acionado por um cilindro hidráulico, desliza por dentro do eixo oco gerando o deslocamento do mandril em seu sentido axial, ocasionando a condição de se expandir ou contrair. Seu movimento giratório é possível devido a sua montagem ser realizada sob a base de 3 rolamentos, onde 2 se encontram instalados dentro da caixa redutora e 1 no Dromus.

b. **Eixo Oco:** é um eixo em forma de tubo por onde a haste principal se desloca e em sua parte externa são acopladas estruturas chamadas de plano inclinado, com defasagem de 900 de um plano inclinado do outro.

c. **Plano Inclinado:** são elevações em formato de cunha que possuem um determinado grau de inclinação de acordo com a construção do mandril para movimentar as castanhas do mandril durante sua expansão e contração, direcionando-as. São fixadas na parte externa do eixo oco e possuem equidistâncias definidas para a correta distribuição das forças de movimentação das castanhas.

d. **Castanhas:** são as peças externas do mandril, também conhecidas como telhas. Divididas em 4 partes, possuem na sua parte interna as mesmas elevações do plano inclinado, porém de forma oposta ao plano, para permitir seu perfeito engajamento e deslizamento quando o mandril for expandir ou contrair. Durante o funcionamento do mandril, são as castanhas que realizam visualmente os movimentos de expansão e contração e é sobre ela que a bobina será enrolada.

e. **Guias:** são os peças deslizantes fabricadas em bronze, instaladas nos planos inclinados de forma a permitir melhor deslizamento, diminuindo o atrito e absorvendo os desgastes dos planos inclinados. São fixadas nos planos inclinados por parafusos de cabeça chata com sextavado interno.

f. **Dromus:** é a peça instalado em uma das extremidades do mandril, composto por um mancal cilíndrico, um rolamento para garantir o giro, e nele é fixada a ponta da haste principal do mandril através de uma porca e contraporca para garantir o deslocamento axial do conjunto que através do plano inclinado transmitirá este movimento em um aumento de diâmetro através do deslocamento da castanha.

g. **Válvula Rotativa:** é o dispositivo que permite a expansão e a contração do mandril mesmo com ele em movimento. Garante a fixação do cilindro hidráulico de forma estática mesmo enquanto o mandril está em movimento rotativo. É o elo entre o mandril e o cilindro hidráulico, permitindo que ambos realizem seus movimentos se interromperem os trabalhos.

h. **Placa Tripartida:** é o conjunto de placas que irão realizar a fixação das castanhas na estrutura do mandril e basicamente do mandril na caixa redutora. Caracteriza-se como a união das peças e estruturação do conjunto. A fixação é realizada por parafusos sextavados internos normais.

i. **Cilindro Hidráulico:** é o dispositivo que garante o movimento axial do eixo principal do mandril. Alimentado por óleo hidráulico pressurizado através de mangueiras hidráulicas instaladas em seus cabeçotes dianteiros e traseiros, realizam os movimentos de avanço e recuo da haste principal de forma axial.

j. **Clamp:** é uma abertura existente em uma das castanhas que recebe a ponta da bobina a ser enrolada. Durante o movimento de expansão do mandril, esta abertura se fecha totalmente prendendo a ponta da bobina, garantindo que não se soltará para iniciar o seu enrolamento de forma uniforme e com a tensão necessária aplicada pelo sistema.

7.8.1. Inspeção Sensitiva do Mandril Industrial

O mandril industrial é um equipamento em que sua estrutura brusca nos dá uma visão de rigidez e resistência, porém possui uma sensibilidade muito aflorada em seu funcionamento, o que exige do inspetor uma atenção especial e detalhada para cada movimento que realizar.

A inspeção sensitiva é uma das técnicas de manutenção mais eficazes a serem aplicadas neste equipamento, pois seus defeitos somente são perceptíveis enquanto o mesmo está em funcionamento:

Desta forma, devemos redobrar a atenção quando o inspecionarmos.

- **Vazamentos de Óleo:** tanto o cilindro hidráulico quanto a válvula rotativa são alimentados com óleo hidráulico. A atenção quanto ao vazamento de óleo deve ser duplicada, pois em caso de vazamentos a eficácia do funcionamento do mandril pode ser comprometida devido à perda de pressão. Os movimentos axiais de avanço e recuo da haste principal podem não atingir seu curso normal, ocasionando, assim, um movimento apenas parcial, o que prejudicará tanto a inserção quanto a retirada da bobina. Sendo assim, o objetivo é que tenhamos um índice de vazamento zero nesse equipamento.

- **Ruído:** o mandril realiza movimentos tanto axiais, expansivos e contrativos quanto rotativos. Todos estes movimentos geram certo atrito, pois possuem chapas deslizantes, rolamentos, guias, entre outros. Quando o atrito aumenta, o ruído também aumenta e passa a ser perceptível ou, no mínimo, diferente do normal. A percepção de um ruído anormal é um claro indício de que algo não está mais como deveria. Um defeito pode estar surgindo e deve ser observado, acompanhado, monitorado, até que se descubra a origem deste ruído, a fim de detectar a causa e eliminá-la. Para perceber que um ruído existente é indício de um defeito, é necessário que se tenha uma familiarização com o equipamento. A convivência do dia a dia faz com que possamos conhecer os ruídos normais que o equipamento desprende. E de posse deste conhecimento é possível identificar um ruído anormal.

- **Temperaturas:** devem sempre estar dentro dos limites aceitáveis pelo equipamento; as temperaturas muito altas certamente trarão danos gravíssimos ao desempenho da função do equipamento. Principalmente os rolamentos devem ser monitorados e analisados. Sempre que uma temperatura se eleva, algum fator causa este fenômeno e obviamente este fator é extremamente prejudicial para os componentes do equipamento. Deve-se conhecer o limite de temperatura dos componentes do equipamento e monitorá-los frequentemente.

- **Vibrações:** os índices de vibrações acima dos percentuais estabelecidos pelo equipamento podem alterar seu comportamento e causar danos irreparáveis, como rupturas das estruturas, afrouxamentos das fixações, desbalanceamentos dos conjuntos, defeitos em rolamentos e oscilações no desempenho do ativo, principalmente no mandril onde o mesmo realiza movimentos distintos e sob cargas elevadas tanto de tração quanto de peso. Quaisquer indícios de trepidações e/ou oscilações devem ser relatados e analisados de imediato, pois a probabilidade de quebra do eixo é eminente neste tipo de equipamento, e o grau de mantenabilidade não favorece os melhores índices da manutenção.

- **Lubrificação:** como já foi informado, o mandril é um componente que trabalha sob constante atrito e carga. Sua lubrificação deve ser totalmente ativa e eficiente; ao menor sinal de falta de lubrificação, os componentes irão apresentar falhas instantâneas. Por isso, a sistemática de lubrificação deve ser intensa e a inspeção das condições de lubrificação deve ser diária. Por mais que a sistemática seja efetiva, outros defeitos podem prejudicar a eficiência da lubrificação, defeitos tais como temperatura excessiva, lubrificante inadequado, sistema centralizado inoperante, ar na linha de lubrificação, sabonificação da graxa. Todos estes fatores devem ser observados pelo inspetor com o intuito de garantir uma lubrificação satisfatória para os componentes do mandril.

- **Fixação:** a inspeção quanto à fixação dos componentes do mandril nem sempre pode ser observada em seu funcionamento. A percepção apenas só é possível quando ouvimos algum ruído estranho e nos direciona a algum objeto frouxo ou solto. Caso contrário, tal inspeção deve ser realizada com o equipamento parado em uma manutenção preventiva, onde é possível conferir a fixação e o torque dos parafusos das castanhas, dos planos inclinados, das placas de fixação, da válvula rotativa e do clamp. As fixações do cilindro hidráulico é a única parte que se pode inspecionar com o mandril em funcionamento.

- **Ajustes:** as inspeções dos ajustes seguem a mesma trajetória da fixação, onde somente podem ser analisadas mediante uma parada do equipamento em uma manutenção preventiva. Nestes casos, devemos conferir o ajuste da abertura do clamp, o que permite o correto aperto da ponta inicial da bobina, e o ajuste de diâmetro do mandril onde a regulagem é feita na ponta da haste principal através da porca e contraporca fixadas no Dromus. Caso haja uma folga excessiva entre a haste principal e o Dromus, poderão ocorrer excessivos golpes de Ariet, que em um curto espaço de tempo irá acarretar na ruptura da ponta da haste e automaticamente inoperância do mandril.

O mandril é um componente que necessita de um profissional altamente qualificado e muito comprometido para que sua inspeção tenha um efeito positivo dentro do cenário da manutenção de forma a detectar os defeitos para eliminar as falhas.

7.9. TENAZ INDUSTRIAL (GARRAS)

São dispositivos caracterizados como equipamentos auxiliares para movimentação de cargas de acordo com a Norma FEN e a NBR 8400.

São desenvolvidas para permitir o manuseio de bobinas de aço em seu eixo vertical ou horizontal e transportes de chapas e fardos de chapas de aço, entre outros tipos de materiais.

As tenazes são classificadas como tenaz mecânica e tenaz eletromecânica.

7.9.1. Tenaz Mecânica

Equipamento automática para transporte de bobinas de aço com eixo vertical, com pega por atrito pelo diâmetro interno e externo.

Projetadas para serviço severo e contínuo, operam em qualquer tipo de ambiente e com bobinas com temperatura de até 7000 C.

O mordente interno é usinado com o mesmo diâmetro interno da bobina, permitindo uma grande superfície de contato. O mordente externo é construído em forma de "V" e articulado para adaptar-se perfeitamente a qualquer diâmetro externo de bobina, garantindo a distribuição de força de modo uniforme ao longo das linhas de contato.

Possuindo capacidades variadas, estas tenazes apresentam opções construtivas conforme o tipo de material a movimentar: mesa de contato com a bobina pode ser fixa ou móvel; placas postiças de latão laminado no mordente externo; sendo o latão um material maleável e de superfície bem acabada, é possível transportar bobinas recozidas ou laminadas a frio muito finas sem riscos de marcas "impressas" nas espiras externas; cone de centralização no mordente interno;

posiciona o mordente interno, evitando tanto o movimento de arraste como o de giro da tenaz sobre a bobina durante o aperto.

Seu sistema comutador de centro de linha de carga mantém sempre nivelada tanto a tenaz em vazio como quando carregada com a bobina.

O travamento da carga é realizado e garantido pelo próprio peso da massa, ou seja, quanto mais pesada for a carga, mais firme será o agarramento.

Seu movimento de abertura e fechamento é realizado através de pantógrafas articuladas conforme o posicionamento da carga.

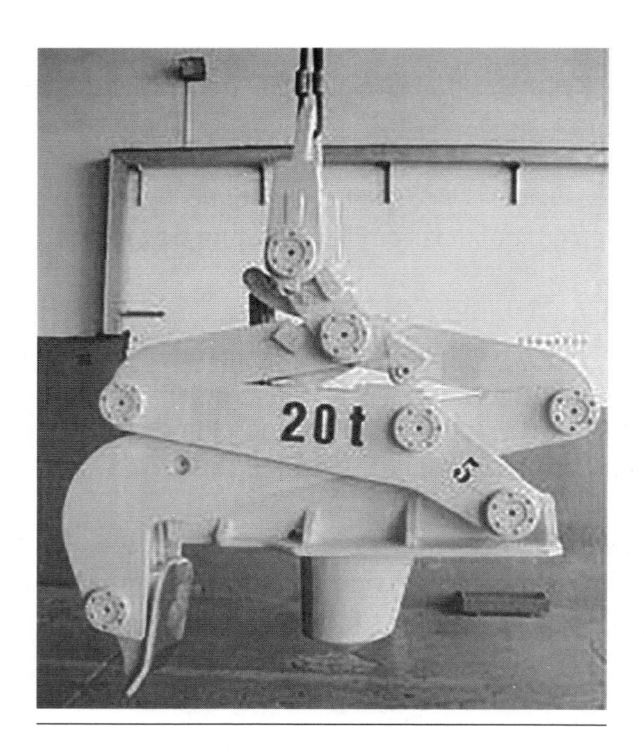

7.9.2. Tenaz Eletromecânica

É um equipamento para transporte de bobinas no eixo horizontal com sustentação das bobinas através de garras laterais.

Projetadas para serviço severo e contínuo, operam em quase todos os tipos de ambientes.

Possuindo capacidades variadas, estas tenazes apresentam opções construtivas conforme o tipo de material a movimentar.

Tenaz eletromecânica para bobinas com eixo horizontal, com ou sem giro, são projetadas com elevado grau de padronização, porém de acordo com as necessidades dimensionais e capacidade específicas de cada caso.

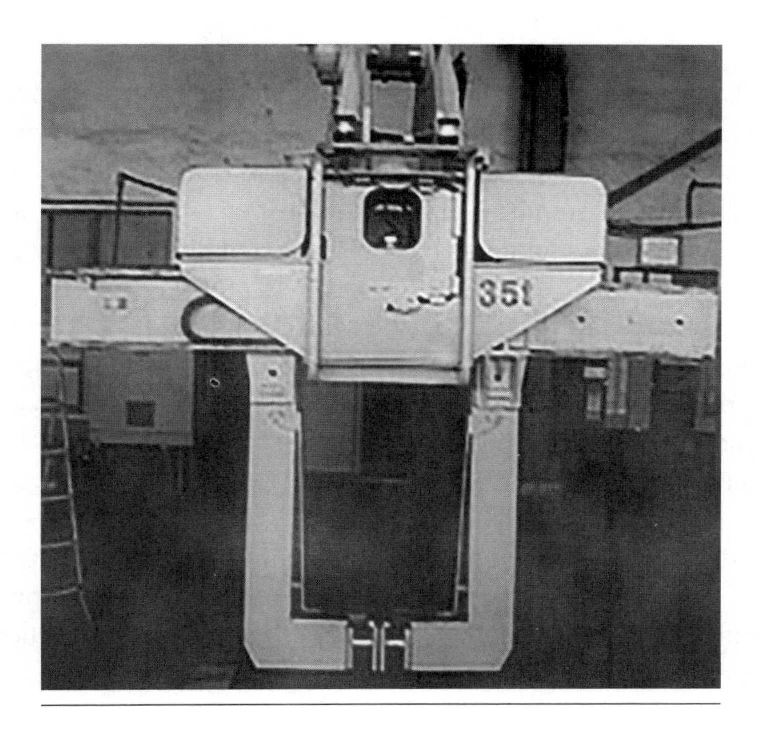

Seu funcionamento consiste em movimentos realizados por motores elétricos acoplados com redutores de velocidade que realizam sua abertura e fechamento e seu giro.

Seus movimentos de abertura e fechamento são realizados através de um conjunto de roda dentada e cremalheira que, ao ser acionada pelo motorredutor, gira a roda dentada movimentando automaticamente as cremalheiras que são montadas em direções opostas nos braços ou garras da tenaz que transformam o movimento rotativo em movimento retilíneo, realizando o deslocamento dos braços para sua abertura e/ou fechamento, dependendo do sentido de giro do motor. Seu curso é um limitado conjunto de discos de fricção chamados de atuador de torque, o que, de acordo com sua regulagem, limitam o torque ou a força de abertura e fechamento da tenaz. Também possui sensores de posicionamento mínimo e máximo, além de batentes de segurança.

O movimento de giro da tenaz é realizado por um motorredutor que, acoplado por um conjunto de coroa e corrente, transmite o movimento do motor para a torre de sustentação da tenaz, ocasionando o giro onde seu deslocamento permite o giro de no máximo 3400, além de sensores de posicionamento e batentes mecânicos de limitação de segurança.

Os braços são fabricados com estruturas rígidas e soldados de acordo com as normas da AWS. Suas pontas de garras ou sapatas de apoio podem ser revestidas com polímero ou bronze de acordo com sua aplicação, usinados de acordo com o diâmetro interno da bobina, e servem para evitar que a bobina seja danificada.

Em alguns casos, podem ser instalados sensor de detecção de carga, o que impede que a tenaz execute o movimento de abertura e fechamento mesmo se acionado o comando; sensor de furo da bobina, o qual permite o fechamento somente após a detecção de que não há resistência na direção do braço; sistema de iluminação através de lâmpadas que permitem visualizar seus acionamentos, bem como sirene e giro flex para informar a movimentação de carga.

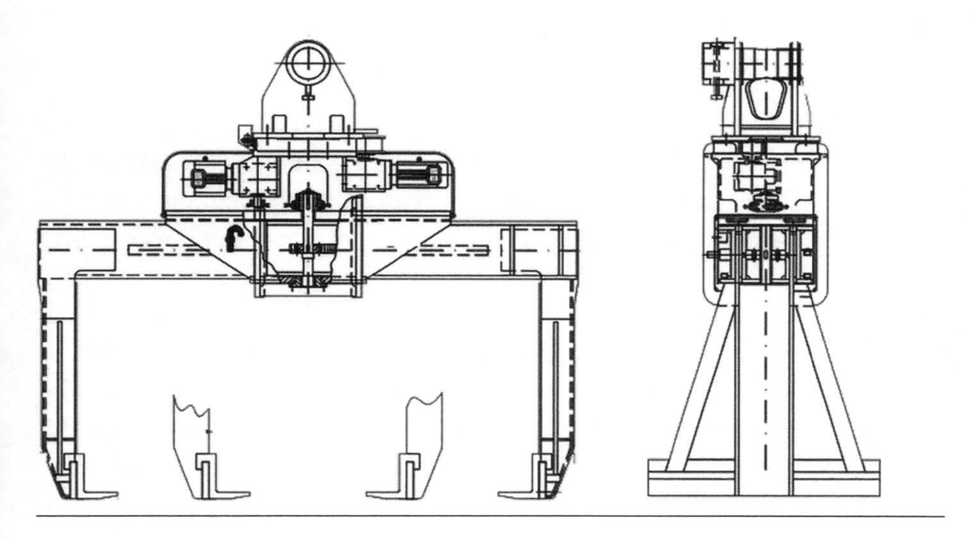

7.9.3. Inspeção Sensitiva da Tenaz

As tenazes são classificadas como equipamentos auxiliares de movimentação de cargas. As falhas mecânicas de seus componentes podem acarretar riscos de acidentes potencialmente graves devido ao fato de trabalharem com cargas suspensas e de peso significativo.

Desta forma, é extremamente necessário que se inspecionem detalhadamente as tenazes para detectar os possíveis defeitos e eliminar as prováveis falhas, evitando as quedas das cargas e pulverizando os riscos de acidentes tanto pessoais quanto patrimoniais.

As inspeções das tenazes devem ser rigorosas e para garantir a sua eficácia é inevitável que sejam realizados alguns ensaios não destrutivos, tais como LP (liquido penetrante) e ultrassom, para buscar e detectar as possíveis trincas internas que não são perceptíveis a olho nu.

- **Desgastes:** nas tenazes existem diversas peças que podem sofrer desgastes acentuados. As chapas de desgastes podem ser de nylon, bronze e/ou qualquer elastômero. Em todas estas peças é necessário observar seu dimensional, as ranhuras que possuem nas peças, as sapatas de bronze.

- **Lubrificação:** a lubrificação das tenazes contempla apenas as cremalheiras e rodas dentadas e as chapas de desgastes de abertura e fechamento dos braços, além do rolamento de giro da torre. Sua inspeção consiste em verificar se o atrito entre as partes está satisfatório, evitando os desgastes. Inspeção visual também deve garantir a limpeza da tenaz, uma vez que em ambientes muito agressivos as contaminações dos lubrificantes devem ser evitadas. Outro fator a ser inspecionado com relação à lubrificação é a quantidade, pois o excesso de lubrificante pode ser prejudicial ao processo, uma vez que, excedido o volume, o mesmo pode escorrer e/ou cair sobre o produto a ser transportado, e em alguns casos a graxa pode danificar tal produto.

- **Vazamentos de Óleo:** os acionamentos da tenaz são realizados por motores elétricos acoplados a redutores de velocidade, os quais são abastecidos com óleo para garantir seu perfeito funcionamento. Durante a inspeção das tenazes, devemos procurar por focos de vazamentos de óleo destes redutores e eliminá-los para que os movimentos sejam realizados conforme projeto.

- **Ruído:** quando inspecionamos a tenaz e detectamos algum ruído que não é pertinente ao funcionamento normal do equipamento. Todos os movimentos de uma tenaz geram certo atrito, pois possuem chapas deslizantes, rolamentos, guias, entre outros. Quando o atrito aumenta, o ruído também aumenta e passa a ser perceptível ou no mínimo diferente do normal. A percepção de um ruído anormal é um claro indício de que algo não está mais como deveria; um defeito pode estar surgindo e deve ser observado, acompanhado, monitorado, até que se descubra a origem deste ruído, a fim de detectar a causa e eliminá-la. Tal ruído detectado pode também ser um agarramento que em um curto espaço de tempo tenderá a danificar as partes deslizantes da tenaz.

- **Temperaturas:** as temperaturas dos componentes devem sempre estar dentro dos limites aceitáveis pelo equipamento; as temperaturas muito altas certamente trarão danos gravíssimos ao desempenho da função do equipamento. Principalmente os rolamentos e os redutores devem ser monitorados e analisados. Sempre que uma temperatura se eleva, algum fator causa este fenômeno e obviamente este fator é extremamente prejudicial para os componentes do equipamento. Deve-se conhecer o limite de temperatura dos componentes do equipamento e monitorá-los frequentemente.

- **Vibrações e fixações:** é raro que se tenha algum tipo de vibração nos acionamentos ou nas estruturas da tenaz, todavia é possível que ocorram algumas trepidações pertinentes a algum agarramento mecânico, afrouxamento das fixações e/ou quebra de algum componente. Nestes casos, ao menor sinal de trepidações e/ou vibrações, o equipamento deve ser avaliado e se possível desmontado para se detectar o ponto exato da falha.

7.10. Elevador de Caçambas (Canecas)

É o meio mais econômico de transporte vertical de material a granel. São fabricados em função do material a ser transportado.

Podem ser, de acordo com o tipo de descarga, em centrífugo ou contínuo.

As caçambas podem ser fixadas em correias ou correntes. É de manutenção fácil e barata (o do tipo de correia), longa vida útil, ocupa pouco espaço e possibilita rápida troca das peças de desgaste.

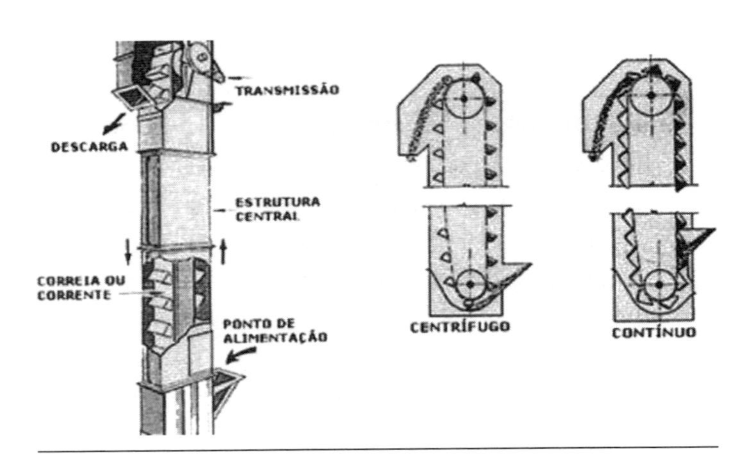

Estes elevadores são aplicados para o transporte vertical de material a granel. Seu dimensionamento é realizado com base nas condições a seguir:

- ❑ Características do material transportado (abrasividade, corrosividade, higroscopia, tipo de escoamento, grau de aderência, grau de fluidez, granulometria e temperatura).
- ❑ Peso do material (densidade solta) em t/m3.
- ❑ Altura de levantamento em m.
- ❑ Capacidade desejada (Q) em tlh.
- ❑ Condições de operação (local de serviço, características do ambiente e grau de contaminação).
- ❑ Regime de operação (contínuo ou intermitente).

Seu funcionamento é simples e de fácil entendimento. Uma correia ou corrente é instalada dentro de uma estrutura em forma de caixa fechada; nas correias ou correntes são montadas caçambas que transportam o material; o acionamento é feito através de um motor elétrico acoplado a um redutor e um sistema de contrarrecuo para evitar que o elevador gire no sentido contrário, pois é na elevação que ele transporta a maior carga. Em alguns modelos utilizam-se moegas para alimentação das caçambas e possuem chutes para descarga do material.

A seguir comparamos os tipos com seu funcionamento e particularidades.

a. **Centrífugo de corrente:** é utilizado para materiais de escoamento fácil, não abrasivo, que podem ser escavados do pé do elevador. A roda de acionamento não permite o deslizamento e garante o alinhamento da corrente e das canecas. O deslocamento das canecas é feito em velocidades elevadas, entre 1 ,1 0 a 1,52 m/s, para garantir a descarga do material por ação da força centrífuga, quando elas passam pela roda do conjunto da cabeça. As canecas são fixadas a uma corrente central ou a duas laterais.

b. **Centrífugo de correia:** é normalmente utilizado para materiais finos, abrasivos, secos e de escoamento fácil que não tenham lascas ou pontas que possam danificar a correia. Uma vantagem do elevador centrífugo sobre o contínuo é que o seu ponto de alimentação é consideravelmente mais baixo, o que diminui o tamanho do conjunto do pé.

c. **Contínuo de corrente:** para materiais mais pesados e de maior tamanho que os elevadores centrífugos. Suas canecas não são projetadas para escavar o material e são normalmente carregados por uma calha, o que exige a elevação do seu ponto de alimentação. A descarga do material é feita por gravidade e, por isso, o conjunto da cabeça é maior que o dos elevadores centrífugos. A velocidade de deslocamento das canecas é menor: 0,64 a 0,76 m/s.

d. **Contínuo de correia:** para materiais frágeis, em pó ou fluidos como cal, cimento ou produtos químicos secos. As canecas são pouco espaçadas entre si e a velocidade é baixa. As canecas têm abas laterais no seu fundo para funcionarem como calhas para o material da caneca subsequente.

Quando se utiliza um elevador impróprio ao material, acarreta problemas tais como:

- ❑ Arrancamento das canecas.
- ❑ Carregamento inadequado.
- ❑ Descarregamento insuficiente.
- ❑ Degradação do material.
- ❑ Desgaste anormal das canecas, correias e correntes.

7.10.1. Inspeção Sensitiva dos Elevadores de Caçambas

Os elevadores de caçambas são equipamentos relativamente simples de se inspecionar. Uma das maiores dificuldades na realização das inspeções é em relação ao acesso ao equipamento, pois, para inspecionar as partes, algumas necessitam de uma abertura de uma tampa de visitas. Caso não haja um acesso visual de fácil visualização, outros pontos de inspeção se encontram instalados em uma altura significativa, já que a estrutura vertical do equipamento é relativamente elevada.

Sistema de acionamento: o acionamento do elevador de caçambas é realizado por um conjunto de motor, redutor, eixos, rodas dentadas, rolamento e contrarrecuo, onde devem ser criteriosamente inspecionados os quesitos a seguir:

- **Temperaturas:** devem sempre estar dentro dos limites aceitáveis pelo equipamento; as temperaturas muito altas certamente trarão danos gravíssimos ao desempenho da função do equipamento.
- **Vibrações:** os índices de vibrações acima dos percentuais estabelecidos pelo equipamento podem alterar seu comportamento e causar danos irreparáveis, como rupturas das estruturas, afrouxamentos das fixações, desbalanceamentos dos conjuntos, defeitos em rolamentos e oscilações no desempenho do ativo.
- **Ruídos:** a observação do ruído se dá devido ao fato da percepção operacional; uma vez que o equipamento muda o barulho que apresenta quando está em operação, isso é sinal de que algo não está mais como deveria. Um ruído diferente do normal pode apresentar falhas em um rolamento por falta de lubrificação, fadiga, contaminação, algum tipo de agarramento mecânico, entre outras inúmeras deficiências.

- **Vazamentos:** a existência de vazamentos nos direciona ao rompimento de alguma vedação, o que nos inclina a uma ação mais emergente, pois se o fluido lubrificante chegar a um nível muito baixo os danos causados ao equipamento podem ser de uma proporção extremamente significativa.

- **Desalinhamentos:** componentes desalinhados podem causar desgastes acentuados, o que agrava a continuidade operacional do ativo. Por isso, a observação quanto ao alinhamento correto do conjunto deve ser seguida e acompanhada com frequência significativa, a fim de evitar vibrações e desgastes acentuados.

- Lubrificação: sempre será essencial a qualquer equipamento, principalmente rotativo. O acompanhamento diário da condição de lubrificação deve ser uma prática de rotina para que se possa garantir que o filme lubrificante esteja aplicado de maneira eficaz e com o lubrificante ideal.

- **Correias:** durante a inspeção das correias do elevador de caçambas, o inspetor deve atentar para a análise de alguns defeitos provenientes de possíveis desgastes altamente prejudiciais ao seu perfeito funcionamento; verificar a existência de rachaduras nas correias, a alta temperatura das correias que podem causar uma fragilização na estrutura interna, vindo a romper e/ou causar rachaduras; verificar a existência de desfilamento das paredes laterais as quais indicam derrapagens por inserção de sujeiras; verificar o alinhamento do sistema, pois qualquer desalinhamento pode causar uma vibração anormal das correias. A tensão das correias é extremamente importante para seu funcionamento, onde seu afrouxamento causa funcionamento irregular, já sua tensão excessiva pode causar rompimento ou sobrecarga do sistema (para detalhes mais aprofundados sobre as técnicas e variações de inspeção deste elemento de máquina, consulte o capítulo 7.6 do livro "Manual Básico para Inspetor de Manutenção Industrial I").

- ❑ **Correntes:** durante sua inspeção o inspetor deve procurar por indícios de:
  - **Trincas e cavidades:** Nenhuma trinca ou fissura deve ser permitido em toda a extensão da corrente.
  - **Deformação**: uma corrente torna-se retorcida permanentemente quando sofre uma sobrecarga quando torcida.
  - **Desgaste:** apresentar redução média de 10% em relação ao diâmetro nominal; o desgaste interno do elo, conforme a medida indicada pelo diâmetro (d1), é outra a 900 (d2); pode ser admissível até uma dimensão de 90% do diâmetro nominal (dn).
  - **Alongamento:** nenhum tipo de alongamento deve ser permitido (para detalhes mais aprofundados sobre as técnicas e variações de inspeção deste elemento de máquina, consulte o capítulo 7.4 do livro "Manual Básico para Inspetor de Manutenção Industrial I").
- ❑ **Caçambas:** são as cavidades que irão transportar o material do solo até o silo ou transportador. Sua inspeção consiste em verificar a fixação das caçambas na estrutura das correias ou correntes. Verificar se as caçambas não se encontram com trincas, amassadas ou danificadas por alguma deformação que dificulte o transporte dos materiais. A falta sucessiva de caçambas pode causar um desbalanceamento do conjunto, o que dificulta o transporte de material sobrecarregando o sistema de acionamento e causando uma má distribuição das forças.

- **Estruturas:** o inspetor deve verificar a existência de trincas em toda a estrutura do elevador de caçambas. A fixação é outro fator que deve ser monitorado constantemente, pois toda a sustentação da carga é refletida na estrutura do elevador. O alinhamento da carcaça é outro fator que deve ser verificado periodicamente, pois o correto funcionamento do sistema depende, e muito, da perpendicularidade da estrutura do elevador. Ao menor sinal de irregularidade, ações corretivas devem ser tomadas para eliminar o problema.

As indústrias que necessitam deste tipo de equipamento devem intensificar suas inspeções periódicas para que falhas não ocorram. Caso evidenciem alguma condição anormal de funcionamento, o inspetor deve informar diretamente a seus superiores para averiguação e correção imediata. A queda dos componentes internos de um elevador, além de ser extremamente perigosa, causa um enorme desconforto para a produção e manutenção, uma vez que seu restabelecimento demanda um tempo muito alto de intervenção, além de recursos especiais para içamento e reinstalação do conjunto.

7.11. Torre de Resfriamento

As torres de resfriamento são equipamentos utilizados para o resfriamento de água industrial, como aquela proveniente de condensadores de usinas de geração de potência, ou de instalações de refrigeração, trocadores de calor etc.

A água aquecida é enviada para a parte superior da torre e desce lentamente através de "enchimentos" de diferentes tipos, em contracorrente com uma corrente de ar frio (normalmente à temperatura ambiente). No contato direto das correntes de água e ar, ocorre a evaporação da água, principal fenômeno que produz seu resfriamento.

Uma torre de refrigeração é essencialmente uma coluna de transferência de massa e calor, projetada de forma a permitir uma grande área de contato entre as duas correntes. Isso é obtido mediante a aspersão da água líquida na parte superior e do "enchimento" da torre, isto é, bandejas perfuradas, colmeias de materiais plásticos ou metálicos etc., que aumentam o tempo de permanência da água no seu interior e a superfície de contato água-ar.

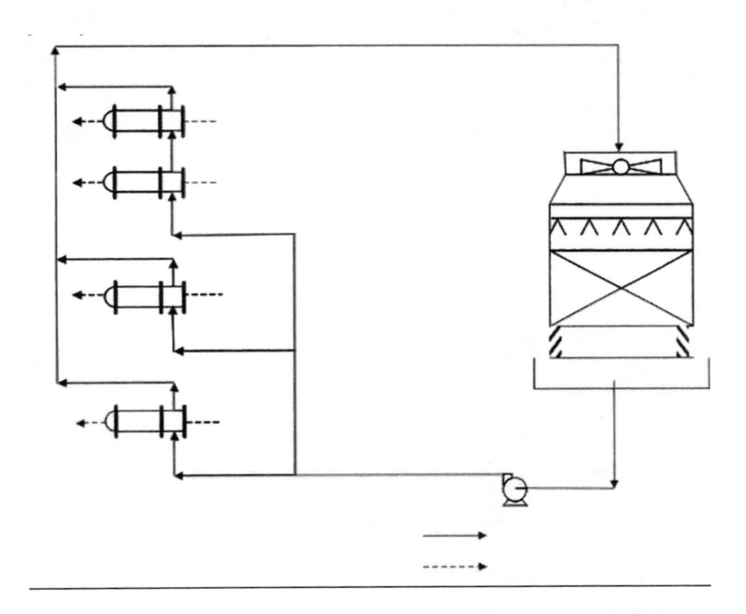

A água que sai dos resfriadores de processo é alimentada e distribuída no topo da torre de resfriamento, constituída de um enchimento interno para melhor espalhar a água. Ar ambiente é insuflado através do enchimento, em contracorrente ou corrente cruzada com a água que desce. Por meio desse contato líquido-gás, parte da água evapora e ocorre o seu resfriamento.

Uma torre de resfriamento é composta por diversos componentes, tais como:

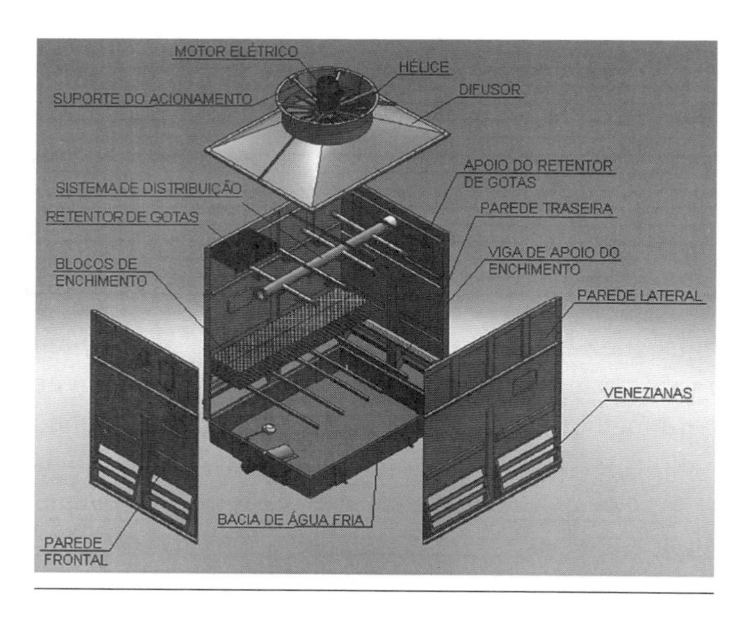

- **Paredes Laterais, Traseiras e Frontais:** é a estrutura da lateral da torre de resfriamento a qual limita o dimensional da torre e comporta em seu interior todos os demais componentes necessários. Também conhecida como Fechamento, sua principal função é manter a água dentro dos limites da unidade e evitar que o ar passe por outros caminhos que os previstos. O fechamento contribui, inclusive, enormemente para a aparência da torre. Em geral, o fechamento não é considerado no projeto, com função estrutural em torres industriais. Ao contrário, em torres compactas, geralmente o fechamento faz parte do projeto estrutural. Como material de fechamento, usam-se chapas de fibra cimento, plástico reforçado com fibra de vidro, chapas de aço galvanizado e outros.

- **Bacia de Água Fria:** é a estrutura inferior da torre de resfriamento que comporta toda a água a ser resfriada e/ou direcionada para a alimentação da produção. É fabricada em concreto armado e/ou em estrutura metálica.

- **Venezianas:** as venezianas de entrada do ar são projetadas para evitar perda de água através das superfícies de entrada do ar e para uma eficiente admissão deste ar na torre. Para prevenir perda de água, as venezianas devem ser projetadas com inclinação, largura e espaçamento apropriado. As venezianas podem também ser projetadas especialmente para eliminar os problemas de congelamento no inverno. O projeto da veneziana varia com o tipo de torre e de fabricante, mas em todos os casos deve ser suficientemente resistente à atmosfera corrosiva em que são instaladas e, em alguns casos, suficientemente fortes para suportar as cargas de gelo. A distribuição da água e sua retenção são diretamente relacionadas com a inclinação, a largura e o espaçamento das venezianas. Os materiais mais usados para construção de venezianas são: madeira, cimento amianto e plástico reforçado com fibra de vidro.

- **Blocos de Enchimento ou Colmeia:** a função do enchimento de uma torre de resfriamento de água é acelerar a dissipação de calor na torre, aumentando o tempo de contato entre a água e o ar. Esta função se realiza devido ao aumento da área molhada à exposição contínua da superfície da água ao ar e à formação de gotas e filmes na torre.

O enchimento de uma torre deve ser de baixo custo e de fácil instalação, devendo ainda promover uma quantidade adequada de transferência de calor, apresentar baixa resistência ao fluxo do ar e manter uma distribuição uniforme da água e do ar durante a sua operação.

Os enchimentos de torre são classificados em dois tipos, a saber: o tipo respingo e o tipo filme.

O enchimento tipo respingo é usado quase que exclusivamente em torre industrial. O enchimento tipo filme é mais indicado para unidades compactas ou pequenas torres comerciais.

7.11.1. Enchimento tipo "respingo"

O enchimento tipo respingo consiste em vários diferentes arranjos, dependendo do projeto da torre e do fabricante. No entanto, a sua finalidade em qualquer instalação é misturar a água com ar movendo-se na direção horizontal (corrente cruzada) ou vertical (contra-corrente). A máxima exposição da superfície da água ao fluxo de ar é, portanto, obtida pela repetição da interrupção da queda da água, respingando-se sobre tábuas de respingo individuais. Outros materiais usados são: plásticos, cimento, amianto, aço galvanizado, alumínio, aço inoxidável e cerâmico. No entanto, devido ao alto custo, estes materiais têm o uso limitado a aplicações especiais.

7.11.2. Enchimento tipo "filme"

Este tipo de enchimento está sendo usado à medida que novos materiais e novas configurações são desenvolvidos, permanecendo, no entanto, mais custoso que o enchimento tipo "respingo". A eficiência deste tipo de enchimento depende de sua habilidade de espalhar a água em um fino filme, escorregando sobre áreas grandes, ocasionando a máxima exposição da água à corrente de ar. Como ele é mais sensível à irregularidade do fluxo de ar e da distribuição de água do que o tipo respingo, o projeto da torre deve assegurar um fluxo uniforme, tanto do ar como da água, em todo o volume de enchimento e também precisa ser adequadamente suportado e espaçado uniformemente.

7.11.3. Sistema de Distribuição

Nas torres em contracorrente podemos ter dois tipos de distribuição de água, por pressão e por gravidade. Nas torres em corrente cruzada a distribuição é sempre por gravidade.

7.11.3.1. Por Pressão

O sistema de distribuição por pressão é formado por um tubo principal e ramais fabricados em PVC, aço carbono revestido ou polipropileno; as conexões utilizam roscas padrão BSP. A conexão com a rede hidráulica pode ser por flange ou mangote de borracha. Os bicos espargidores de água podem ser de polipropileno, PVC, nylon ou outro material. A função dos espargidores é proporcionar uma prefeita distribuição da água sobre toda a superfície do enchimento, com uma pressão que pode variar de 1,5 a 7 m CA, dependendo do tipo e vazão de água.

7.11.3.2. Por Gravidade

Este sistema é composto por uma canaleta principal e canaletas secundárias; no interior destas são fixados os bicos espargidores, que têm a mesma função da anterior. Neste caso, a pressão deve ficar por volta de 0,5 m CA. Este sistema é comumente utilizado quando na água existem partículas em suspensão. Na torre corrente cruzada, existem tanques na parte superior, providos de bicos espargidores, por onde a água é conduzida ao interior da torre.

7.11.4. Retentor ou Eliminador de Gotas

A função do eliminador de gotas é reter a água carregada pelo ar aspirado pelo ventilador. O funcionamento do eliminador baseia-se em uma mudança da direção do fluxo de ar. A força centrífuga resultante separa as gotículas de água do ar, depositando-as na superfície do eliminador. Esta água acumulada escorre de volta à bacia de coleta de água fria. Uma função secundária do eliminador é a uniformização do fluxo de ar através do enchimento da torre. A resistência que o eliminador produz à passagem do ar ocasiona uma pressão uniforme no espaço entre o eliminador e o ventilador.

Esta uniformização da pressão produz um fluxo de ar igualmente uniforme através do enchimento da torre.

Os eliminadores são normalmente classificados como de passo simples, de dois ou três passos, dependendo do número de mudanças de direção do fluxo de ar que ele ocasiona. Geralmente, quanto maior o número de passos, tanto maior será a perda de pressão, e maior sua eficiência. Os materiais usados para esta aplicação incluem madeiras, aços galvanizados, alumínio, plásticos, cimento amianto etc.

7.11.5. Suportes de sustentações

São as peças que têm a função de sustentar todos os conjuntos da torre de resfriamento, absorvendo suas cargas e vibrações.

- **Difusor:** sua função básica é formar um fechamento em volta deste, o que efetivamente melhorará sua performance. O difusor também age como proteção do ventilador, servindo, inclusive, para conduzir o ar de descarga para longe da torre. O difusor deve ser construído em material apropriado para resistir à atmosfera corrosiva onde está instalado, devendo ser suficientemente robusto para resistir às vibrações induzidas pela pulsação do fluxo de ar. A performance do difusor é muito sensível às condições do fluxo de ar entrando e do espaço livre entre o diâmetro externo das pás e do diâmetro interno do mesmo. A função é satisfazer a estas duas exigências. O quanto mais suave for à entrada do fluxo de ar no ventilador, tanto maior será a sua eficiência. Um fluxo de ar é conseguido através de uma configuração adequada do difusor do ventilador. Geralmente os difusores são construídos em plástico reforçado, mas existem alternativas como madeira, concreto e aço.

- **Hélice:** as hélices ou ventiladores das torres de resfriamento necessitam movimentar grandes volumes de ar, de modo econômico; seu funcionamento deve ser isento de vibrações e pulsações, as quais podem danificar os demais componentes mecânicos e toda a estrutura da torre.

Em torres usam-se dois tipos de ventiladores: o **axial** e o **centrífugo,** sendo o axial o tipo de ventilador que se usa na maioria das torres por possuir a propriedade de movimentar grandes volumes de ar com baixas pressões estáticas, além de ser de custo relativamente baixo, podendo ser usado em torres de qualquer tamanho, bem como em torres onde deve ser assegurada uma baixa perda de água por arraste.

Hoje as maiorias destas pás são confeccionadas em PRFV, por se tratar de um material com boa resistência mecânica, baixo peso e facilidade de fabricação.

- **Sistema de Acionamento:** é o conjunto de motor, redutor, eixos, polias e correias. Sua função é acionar a hélice para que a mesma gire a uma rotação projetada, gerando a corrente de ar necessária para realizar a troca térmica dentro da torre.

- **Sistema de Bombeamento:** é o conjunto de motor, bomba, acoplamento, válvulas, tubulações e conexões por onde o fluxo será conduzido tanto para o abastecimento da linha de produção quanto para o retorno para a torre para realizar a troca de calor.

7.11.6. Inspeção Sensitiva das Torres de Resfriamento

Uma estratégia de manutenção sensitiva racionalmente e executada rigorosamente é, sem dúvida, responsável não só pela durabilidade e eficiente operação do equipamento, como também pela redução dos custos de manutenção.

Em uma torre de resfriamento devemos atentar para diversas condições anormais que podem surgir, e de posse da inspeção técnica sensitiva é possível detectá-las e planejar sua eliminação.

- **Paredes Laterais, Traseiras e Frontais:** durante suas inspeções, o profissional deve buscar indícios de fissuras, rachaduras, trincas, desgastes, amassamentos, afrouxamentos, empenos, descoloração, entre outras variáveis, pois, caso sejam detectados quaisquer indícios mencionados, podem afetar a condição operacional da torre, já que a temperatura excessiva pode ser a causadora das irregularidades ou defeitos, o que é extremamente prejudicial para a estrutura da torre de resfriamento.

- **Bacia de Água Fria:** a bacia é uma estrutura fixa e extremamente rígida; em toda sua extensão e/ou extremidades não pode haver rachaduras, trincas, e em caso de serem revestidas, seus revestimentos não podem estar deformando nem desplacando. Qualquer um dos itens pode acarretar diretamente vazamentos da bacia e, dependendo da intensidade, a contaminação do meio ambiente é eminente; mesmo sendo água, possui produtos químicos para manter sua consistência.

- **Venezianas:** a inspeção das venezianas deve seguir o mesmo rigor dos demais componentes, pois a falta de venezianas, o afrouxamento das aletas, as trincas, empenos ou deformações propiciam uma ineficiência operacional capaz de comprometer o perfeito funcionamento da torre de resfriamento.

- **Blocos de Enchimento ou Colmeia:** a inspeção dos blocos de enchimento é a parte mais complexa de se avaliar em uma torre de resfriamento, pois a torre estará sempre em funcionamento e o enchimento se encontra dentro do fluxo de água da torre. Sendo assim, uma das formas de se detectar se o enchimento está desempenhando seu papel correto, é analisando a água que está caindo da torre, que deve estar em forma de chuva e gotejamento, e não em forma de jato ou escorrimento. O jato ou escorrimento nos mostra que o enchimento pode estar rompido e suas colmeias deformadas, produzindo um volume de água intenso em um ponto e uma chuva regular em outro. Além desta análise, com a torre parada devemos analisar o ressecamento do enchimento que, caso esteja já em estado de deterioração, irá fatalmente gerar o escorrimento em um curto espaço de tempo.

- **Sistema de Distribuição:** a inspeção do sistema de distribuição consiste em garantir a desobstrução dos bicos de distribuição, sua fixação e deformações, tais como empenos, rachaduras, trincas ou fissuras para garantir a correta distribuição da água entre os enchimentos. Além da inspeção da obstrução dos bicos, o direcionamento do spray e o leque a qual o mesmo deve formar deve, ser analisados criteriosamente, pois o leque difere de cada modelo diferente de bico.

- **Retentor ou Eliminador de Gotas:**a inspeção sensitiva do eliminador de gotas se dá durante a visualização de seu funcionamento, pois na parte inferior do eliminador deve estar gotejando, já sua parte superior não pode estar com umidade em excesso, pois as gotas devem ser direcionadas para sua parte inferior. Caso a umidade superior seja muito alta, o mesmo pode estar com suas camadas rompidas. Outro fator é o entupimento do eliminador. Caso isso ocorra, percebe-se um diferencial de pressão significativo entre as câmaras.

- **Suportes de sustentações:** os suportes são os componentes mais simples de se inspecionar, onde deve-se observar fixação, trincas, rachaduras, fissuras e empeno, para garantir a sustentação dos componentes.

- **Difusor:** no difusor a inspeção também é bem simples, porque sua estrutura compreende estar bem fixa, isenta de afrouxamentos. Durante suas inspeções, o profissional deve buscar indícios de fissuras, rachaduras, trincas, desgastes, amassamentos, afrouxamentos, empenos, descoloração, entre outras variáveis, pois, caso sejam detectados quaisquer indícios mencionados, podem afetar a condição operacional da torre, já que a temperatura excessiva pode ser a causadora das irregularidades ou defeitos, o que é extremamente prejudicial para a estrutura da torre de resfriamento.

- **Hélice:** as hélices são componentes muito difíceis de se inspecionar, pois quando paradas podem não apresentar as mesmas condições que apresentam em operação, além da limpeza das pás que, caso estejam impregnadas, podem causar desbalanceamento considerável do sistema. Devemos atentar para a sua correta fixação, lubrificação do rolamento central, que deve estar livre de agarramentos; as pás devem estar direcionadas para o mesmo sentido e com o mesmo grau de inclinação. A diferença de inclinação das pás descaracteriza por completo o desempeno do trabalho para qual a mesma foi projetada.

- **Sistema de Acionamento:** para definir a correta forma de se inspecionar o sistema de acionamento, devemos atentar para a fixação do motor, além de:

  - **Temperaturas:** devem sempre estar dentro dos limites aceitáveis pelo equipamento; as temperaturas muito altas certamente trarão danos gravíssimos ao desempenho da função do equipamento.

  - **Vibrações:** os índices de vibrações acima dos percentuais estabelecidos pelo equipamento podem alterar seu comportamento e causar danos irreparáveis, como rupturas das estruturas, afrouxamentos das fixações, desbalanceamentos dos conjuntos, defeitos em rolamentos e oscilações no desempenho do ativo.

  - **Ruídos:** a observação do ruído se dá pela percepção operacional, uma vez que o equipamento muda o barulho que apresenta quando está em operação. Isso é sinal de que algo não está mais como deveria. Um ruído diferente do normal pode apresentar falhas em um rolamento por falta de lubrificação, fadiga, contaminação, algum tipo de agarramento mecânico, entre outras inúmeras deficiências.

  - **Vazamentos:** a existência de vazamentos nos direciona ao rompimento de alguma vedação, o que nos inclina a uma ação mais emergente, pois, se o fluido lubrificante chegar a um nível muito baixo, os danos causados ao equipamento podem ser de uma proporção extremamente significativa.

  - **Desalinhamentos:** componentes desalinhados podem causar desgastes acentuados, o que agrava a continuidade operacional do ativo. Por isso, a observação quanto ao alinhamento correto do conjunto deve ser seguida e acompanhada com frequência significativa, a fim de evitar vibrações e desgastes acentuados.

- **Lubrificação:** sempre será essencial a qualquer equipamento, principalmente rotativo. O acompanhamento diário da condição de lubrificação deve ser uma prática de rotina para que se possa garantir que o filme lubrificante esteja aplicado de maneira eficaz e com o lubrificante ideal. **Correias:** durante a inspeção das correias, o inspetor deve atentar para a análise de alguns defeitos provenientes de possíveis desgastes altamente prejudiciais ao seu perfeito funcionamento; verificar a existência de rachaduras nas correias, a alta temperatura das correias que pode causar uma fragilização na estrutura interna, vindo a romper e/ou causar rachaduras; verificar a existência de desfilamento das paredes laterais as quais indicam derrapagens por inserção de sujeiras; verificar o alinhamento do sistema, pois qualquer desalinhamento pode causar uma vibração anormal das correias. A tensão das correias é extremamente importante para seu funcionamento e seu afrouxamento causa funcionamento irregular, já sua tensão excessiva pode causar rompimento ou sobrecarga do sistema (para detalhes mais aprofundados sobre as técnicas e variações de inspeção deste elemento de máquina, consulte o capítulo 7.6 do livro "Manual Básico para Inspetor de Manutenção Industrial I").

- **Polias:** são componentes que devem ser analisados periodicamente, pois os desgastes dos canais de deslizamento podem acarretar diversos defeitos das correias. Além da verificação da existência de trincas na estrutura das polias, a calibração dos canais também deve ser verificada, pois as aberturas excessivas nos canais causam superaquecimento no conjunto, desgastando as correias e transferindo esta temperatura para os motores e demais componentes (para detalhes mais aprofundados sobre as técnicas e variações de inspeção deste elemento de máquina, consulte o capítulo 7.7 do livro "Manual Básico para Inspetor de Manutenção Industrial I").

- **Sistema de Bombeamento:** para definir a correta forma de se inspecionar o sistema de bombeamento, devemos atentar para a fixação do motor além de:

- **Tubulação:** para inspecionar as tubulações, devemos seguir as diretrizes descritas no capítulo 7.2 deste manual.

- **Válvulas:** durante as inspeções das válvulas, o inspetor deve buscar indícios de vazamentos, afrouxamentos das fixações, desgastes dos componentes das válvulas e até mesmo a condição de limpeza e oxidação (para detalhes mais aprofundados sobre as técnicas e variações de inspeção deste elemento de máquina, consulte o capítulo 7.18 do livro "Manual Básico para Inspetor de Manutenção Industrial I").

❑ **Bombas:** devemos atentar par os seguintes itens:

- **Temperaturas:** devem sempre estar dentro dos limites aceitáveis pelo equipamento; as temperaturas muito altas certamente trarão danos gravíssimos ao desempenho da função do equipamento.

- **Vibrações:** os índices de vibrações acima dos percentuais estabelecidos pelo equipamento podem alterar seu comportamento e causar danos irreparáveis, como rupturas das estruturas, afrouxamentos das fixações, desbalanceamentos dos conjuntos, defeitos em rolamentos e oscilações no desempenho do ativo.

- **Ruídos:** a observação do ruído se dá devido ao fato da percepção operacional, uma vez que o equipamento muda o barulho que apresenta quando está em operação; isso é sinal de que algo não está mais como deveria. Um ruído diferente do normal pode apresentar falhas em um rolamento por falta de lubrificação, fadiga, contaminação, algum tipo de agarramento mecânico, entre outras inúmeras deficiências.
- **Vazamentos:** a existência de vazamentos nos direciona ao rompimento de alguma vedação, o que nos inclina a uma ação mais emergente, pois, se o fluido lubrificante chegar a um nível muito baixo, os danos causados ao equipamento podem ser de uma proporção extremamente significativa.
- **Desalinhamentos:** componentes desalinhados podem causar desgastes acentuados, o que agrava a continuidade operacional do ativo. Por isso, a observação quanto ao alinhamento correto do conjunto deve ser seguida e acompanhada com uma frequência significativa, a fim de evitar vibrações e desgastes acentuados.
- **Lubrificação:** a lubrificação sempre será essencial a qualquer equipamento, principalmente rotativo. O acompanhamento diário da condição de lubrificação deve ser uma prática de rotina para que se possa garantir que o filme lubrificante esteja aplicado de maneira eficaz e com o lubrificante ideal (para detalhes mais aprofundados sobre as técnicas e variações de inspeção deste elemento de máquina, consulte o capítulo 7.20 do livro "Manual Básico para Inspetor de Manutenção Industrial I").

7.12. ACUMULADORES DE CHAPAS

As indústrias que utilizam este tipo de equipamento são as que trabalham bobinando seus produtos, onde suas linhas de produção são contínuas.

Geralmente é possível encontrar este tipo de equipamento em usinas siderúrgicas que produzem chapas de aço finas em forma de bobinas.

Os acumuladores de chapas são equipamentos que armazenam determinada quantidade de material para garantir que o processo não pare devido à produção ser contínua.

Consistem em uma estrutura armazenadora que possui velocidades diferentes entre os setores que permitem encher um reservatório de material e alimentá-lo depois, quando necessário.

Os acumuladores de chapas podem ser de dois tipos:

- ❑ Horizontais.
- ❑ Verticais.

7.12.1. Horizontais

São estruturas que acondicionam as chapas no sentido horizontal, onde são instalados nos subsolos compostos por rolos que se deslocam no sentido horizontal aumentando a distância entre as extremidades durante o acúmulo das chapas e aproximando suas extremidades quando alimenta a linha de produção.

São compostos por um conjunto de rolos montados sobre um carro fixo que tem a função de encaminhar a chapa a ser acumulada, um conjunto de rolos montados sobre um carro móvel que tem a função de conduzir a chapa e em função do seu movimento aumenta a distância entre as extremidades que automaticamente aumenta a quantidade de chapa acumulada dentro da distância percorrida. Tal carro móvel possui um sistema de acionamento composto por um conjunto de motor elétrico e redutor de velocidade, juntamente com seus componentes de instalação e instalado sobre trilhos que funcionam como caminhos de rolamentos.

Possui vários conjuntos de rolos-guias que garantem o alinhamento e o apoio da chapa a ser acumulada, conjunto de cabos de aço de sustentação lateral e um sistema de freio.

Em novos projetos industriais, não mais se costumam aplicar acumuladores horizontais, pois sua forma construtiva demanda uma estrutura civil significativa quando se projeta a planta de produção. Por serem instalados geralmente em subsolos, necessitam de monitoramento de imagem full time para visualização das condições operacionais e dos percentuais visuais do acúmulo das chapas, bem como quaisquer irregularidades em seu funcionamento e/ou anormalidades de manutenção não são de fácil visualização.

7.12.2. Verticais

São fabricados em estruturas metálicas na posição vertical, onde seu movimento de acúmulo funciona através dos movimentos de subida e descida. Geralmente são distribuídos em duas torres unidas pela estrutura e pelo sistema de acionamento, porém distintas por possuírem 2 carros fixos e 2 carros móveis.

Os carros fixos são compostos por rolos montados sobre uma base fixa na estrutura inferior do acumulador, onde possuem a função de conduzir a chapa entre os rolos para direcionar o caminho da chapa a ser acumulada.

Os carros móveis também são compostos por rolos montados em uma base, que por sua vez não é fixa na estrutura, está acima do carro fixo, suspensa por cabos de aço ou por correntes que sustentam toda a estrutura e peso dos carros móveis e da chapa acumulada durante os movimentos de subida e de descida.

O sistema de acionamento de um acumulador de chapas vertical tem o mesmo princípio de um sistema de elevação de uma ponte rolante, onde possuímos um motor elétrico de acionamento, acoplado a um redutor de grande porte, um dromus que irá enrolar e desenrolar o cabo de aço que será direcionado por um conjunto de polias instalado na parte superior do acumulador que será acoplado ao carro móvel, além de um potente sistema de frenagem que compõe o conjunto para garantir a parada do acumulador em qualquer posição quando for solicitado.

O movimento de enrolamento e desenrolamento do cabo de aço no dromos automaticamente transmitirá o movimento de subida e descida do carro móvel.

Em uma das partes externas de uma das laterais do acumulador são instalados contrapesos que, acoplados à estrutura do carro móvel, diminui o esforço do motor ao acionar os movimentos de subida e de descida. Estes contrapesos são acoplados no carro móvel através de outros cabos de aço que, direcionados por polias, realizam esta união. Sendo assim, sempre que o motor elétrico for acionado, o dromos girará enrolando e desenrolando o cabo de aço que irá movimentar os carros móveis que automaticamente irá movimentar os contrapesos. Estes movimentos geram instantaneamente o acúmulo ou a alimentação das chapas.

Para garantir o alinhamento correto da chapa a ser acumulada, o conjunto possui um sistema de alinhamento automático do centro da chapa que consiste em um conjunto de rolos que estarão montados abaixo do carro fixo por onde a chapa passará. A estrutura deste conjunto é montada sobre rodas deslizantes que trabalham dentro de uma estrutura fixa que recebe sinal de desvio do centro da chapa por um sensor de posição que aciona uma servoválvula hidráulica que alimenta um cilindro hidráulico que movimenta a estrutura direcionando o centro da chapa para ser corrigida durante o processo. Este sistema de correção é comumente conhecido como CPC (conjunto de posicionamento de centro), em que sua única função é manter a chapa centralizada.

7.12.3. Inspeção Sensitiva dos Acumuladores de Chapas

Os acumuladores de chapas, principalmente os verticais, são tratados pelas organizações como um equipamento similar a um equipamento de movimentação de cargas. Sendo assim, para a definição da estratégia de manutenção destes equipamentos, a manutenção adota os mesmos princípios aplicados em equipamentos de movimentação de cargas, contendo os mesmos cuidados e as mesmas normas aplicadas.

Neste caso, a inspeção sensitiva é fundamental para garantir tanto a segurança operacional quanto a segurança pessoal. Os profissionais destinados a avaliar o comportamento operacional destes equipamentos devem ser altamente técnicos e qualificados, além de estar totalmente comprometidos com as diretrizes da organização e cientes de suas responsabilidades e decisões técnicas voltadas para cumprir as orientações internas da organização e garantir a confiabilidade operacional sem riscos de acidentes.

- **Dromos:** o dromos é tradicionalmente conhecido como o tambor enrolador de cabos de aço, em que o cabo é enrolado durante a movimentação do acumulador. A inspeção do dromos é realizada em seus mancais de sustentação, os quais devem ser monitorados com relação a sua temperatura, vibração, lubrificação, ruídos estranhos e suas fixações. Além destes detalhes, também é necessário inspecionar com mais critérios os sulcos ou canais onde se alojam os cabos de aço. Os desgastes nestes canais podem afetar diretamente o cabo de aço e acelerar seu desgaste; desta forma estes canais devem ser medidos frequentemente com um calibre de raio e comparados com os valores de projetos. Trincas também não são bem-vindas na estrutura do dromos. Sendo assim, uma inspeção por líquido penetrante é primordial para garantir a segurança do componente. Sugerimos também realizar um ensaio de ultrassom pelo menos uma vez ao ano para a verificação de trincas internas e/ou descontinuidades que possam se propagar e se transformar em uma fissura.

- **Polias:** são os caminhos por onde os cabos percorrem para realizar a união entre suas extremidades para se entrelaçar ao dromos e garantir seus movimentos de sobe e desce. Assim como nos Dromos, nas polias a inspeção também é realizada em seus mancais de sustentação, os quais devem ser monitorados com relação a sua temperatura, lubrificação, ruídos estranhos e suas fixações. Além destes detalhes, também é necessário inspecionar com mais critérios os sulcos ou canais onde se alojam os cabos de aço. Os desgastes nestes canais podem afetar diretamente o cabo de aço e acelerar seu desgaste; desta forma estes canais devem ser medidos frequentemente com um calibre de raio e comparados com os valores de projetos. Trincas também não são bem-vindas na estrutura das polias. Sendo assim, uma inspeção por líquido penetrante é primordial para garantir a segurança do componente. Sugerimos também realizar um ensaio de ultrassom pelo menos uma vez ao ano para a verificação de trincas internas e/ou descontinuidades que possam se propagar e se transformar em uma fissura.

- **Freios:** geralmente nos acumuladores são estacionários, onde eles somente freiam após a parada da ponte, o que mantém o acumulador na posição parada sem se movimentar. A inspeção dos freios é realizada para garantir que sua frenagem seja perfeita e não deixe a ponte se movimentar após sua parada. As pastilhas de freio devem ser observadas, pois seu desgaste acentuado pode torná-las ineficazes quando sua função for exigida; a regulagem dos freios também afeta seu funcionamento, bem como sua fixação deve ser avaliada (para detalhes mais aprofundados sobre as técnicas e variações de inspeção deste elemento de máquina, consulte o capítulo 7.14 do livro "Manual Básico para Inspetor de Manutenção Industrial I").

- **Cabos de Aço:** são os componentes mais perigosos de uma ponte rolante, pois são eles os responsáveis pelo içamento das peças. Por isso, devem ter atenção especial durante sua operação e sua inspeção deve ser realizada por profissionais altamente qualificados. Durante uma inspeção dos cabos de aço, devemos procurar por desgastes, tais como a quantidade de fios rompidos em sua extensão, a espessura do cabo, os defeitos do cabo de aço como pernas de cachorro, amassamento, alma saltada, deficiência de lubrificação, impregnação de sujeira, oxidação, entre outras anormalidades (para detalhes mais aprofundados sobre as técnicas e variações de inspeção deste elemento de máquina, consulte o capítulo 7.1 do livro "Manual Básico para Inspetor de Manutenção Industrial I").

- **Correntes:** em alguns acumuladores, utilizam-se correntes para realizar a sustentação do carro móvel e realizar seus movimentos de subida e descida. Nestes casos, devemos analisar as correntes com o mesmo rigor que analisamos os cabos de aço, pois, por mais que a corrente absorva uma carga muito mais alta que os cabos de aço, as mesmas não possuem a mesma flexibilidade de alongamento que os cabos de aço.

Deste modo, nas correntes procuramos por indícios de trincas e cavidades, deformações, desgastes dos elos, alongamento, sujeira e lubrificação(para detalhes mais aprofundados sobre as técnicas e variações de inspeção deste elemento de máquina, consulte o capítulo 7.4 do livro "Manual Básico para Inspetor de Manutenção Industrial I").

- **Estruturas:** são as sustentações oficiais dos acumuladores. Sua inspeção consiste em garantir sua fixação, não evidenciar nenhuma trinca, pois pode comprometer a estrutura. É essencial que seja verificada frequentemente a verticalidade, ou seja, o alinhamento das colunas de sustentação dos acumuladores para que seja possível garantir a segurança de todo o conjunto que sofre um tremendo esforço durante o desempenho de suas funções.

7.12.2.1. Sistema de Acionamento

Para definir a correta forma de se inspecionar o sistema de acionamento, devemos atentar para a fixação do motor, além de:

- **Temperaturas:** devem sempre estar dentro dos limites aceitáveis pelo equipamento; as temperaturas muito altas certamente trarão danos gravíssimos ao desempenho da função do equipamento.

- **Vibrações:** os índices de vibrações acima dos percentuais estabelecidos pelo equipamento podem alterar seu comportamento e causar danos irreparáveis, como rupturas das estruturas, afrouxamentos das fixações, desbalanceamentos dos conjuntos, defeitos em rolamentos e oscilações no desempenho do ativo.

- **Ruídos:** a observação do ruído se dá devido ao fato da percepção operacional, uma vez que o equipamento muda o barulho que apresenta quando está em operação. Isso é sinal de que algo não está mais como deveria. Um ruído diferente do normal pode apresentar falhas em um rolamento por falta de lubrificação, fadiga, contaminação, algum tipo de agarramento mecânico, entre outras inúmeras deficiências.

- **Vazamentos:** a existência de vazamentos nos direciona ao rompimento de alguma vedação, o que nos inclina a uma ação mais emergente, pois, se o fluido lubrificante chegar a um nível muito baixo, os danos causados ao equipamento podem ser de uma proporção extremamente significativa.

- **Desalinhamentos:** componentes desalinhados podem causar desgastes acentuados, o que agrava a continuidade operacional do ativo. Por isso, a observação quanto ao alinhamento correto do conjunto deve ser seguida e acompanhada com uma frequência significativa, a fim de evitar vibrações e desgastes acentuados.

- **Lubrificação:** sempre será essencial a qualquer equipamento, principalmente rotativo. O acompanhamento diário da condição de lubrificação deve ser uma prática de rotina para que se possa garantir que o filme lubrificante esteja aplicado de maneira eficaz e com o lubrificante ideal.

- **Carro fixo e Carro Móvel:** os carros tanto fixos como móveis são compostos por uma estrutura base e um conjunto de rolos. No que tange à inspeção das estruturas, deve-se atentar para a existência de afrouxamentos e trincas.

Já os rolos merecem cuidados especiais, tais como a verificação de existência de trincas dos revestimentos, a rugosidade da mesa dos rolos, a dureza da mesa dos rolos, a diferença de diâmetro devido ao desgaste, o desbalanceamento do rolo, a existência de marcas na mesa do rolo, a existência de desplacamento de revestimento, a fixação dos rolos e seus componentes, a lubrificação dos mancais, a existência de trincas na base da estrutura, a existência de trinca das soldas.

7.13. TRANSPORTADORES DE CORREIAS

Os transportadores de correias são considerados como máquinas de manipulação de materiais que, em combinação com outros dispositivos, são utilizadas em numerosos processos com o propósito de providenciar um fluxo contínuo de materiais entre diversas operações.

As correias são usadas nas mais variadas atividades, por exemplo: o carregamento de navios em portos marítimos e fluviais, e para cargas a granel.

Nas indústrias, combinadas com outros mecanismos de transporte como calhas vibratórias, elevadores de canecas, as correias são muito utilizadas para transporte a granel de materiais. Fixas ou móveis, apresentam baixo custo de operação, versatilidade no transporte dos mais diversos materiais desde finos até matérias com alta granulometria.

As correias transportadoras são utilizadas nos mais variados terrenos, em aclive, declive ou na horizontal, nos mais variados comprimentos, em túneis, galerias, em uso externo ou interno aos prédios. Podem ser abertas ou fechadas, ou ainda enclausuradas para evitar a poluição do ar.

Os transportadores de correia são encontrados em duas formas mais comuns:

- Correias planas para pallets e cargas unitárias;
- Correias abauladas para transporte de material a granel.

7.13.1. Correias Planas

As correias planas são utilizadas nos dois sentidos para o transporte de sacas, caixas ou para transporte de cargas a granel. São constituídas por uma estrutura normalmente treliçada, dois rolos com eixos e mancais, sobre os quais se apoia uma correia sem fim. Seu funcionamento normalmente é suave, apresenta a metade da capacidade das correias abauladas e funciona bem a altas velocidades.

7.13.2. Correia de secção abaulada

Nesses transportadores, a correia se move sobre roletes dispostos em ângulo, que a fazem tomar uma forma côncava. É um dos sistemas mais econômicos para transportar material a granel, devido a sua alta capacidade de carga, facilidade em carregar, descarregar e, também, na sua manutenção. Podem transportar qualquer tipo de material, com ressalva para materiais com elevada umidade ou alta aderência.

As correias transportadoras são compostas por elementos de máquinas, tais como eixos, mancais e polias, acoplamentos que, em conjunto, são responsáveis pelo seu bom funcionamento, com a confiabilidade requerida.

Os transportadores de correia basicamente apresentam os seguintes componentes:

- ❑ Dispositivos de carregamento e descarregamento;
- ❑ Rolos de acionamento, de retorno e esticador;
- ❑ Roletes de carga, de retorno;
- ❑ Correia transportadora;
- ❑ Dispositivos raspadores;
- ❑ Estrutura de suporte de carga;
- ❑ Dispositivo de acionamento.

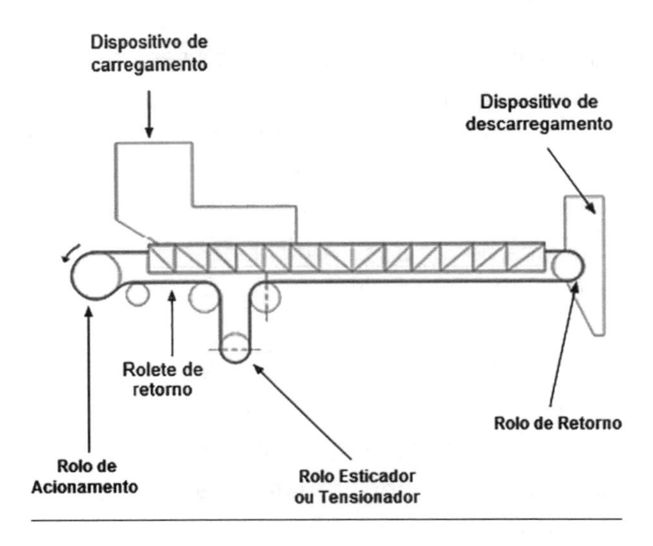

7.13.2.1. Rolos

São utilizados nas correias transportadoras para transmissão de potência, como rolo acionador ou acionado. Como rolo acionador, transmite o torque do motor e como rolo acionado serve para o retorno da correia. São igualmente responsáveis pelo alinhamento e esticamento das correias transportadoras.

Os rolos apresentam algumas características importantes, tais como o diâmetro do tambor que, quanto maior, maior será a vida da correia, pois sofrerá menor esforço de flexão. O comprimento do tambor está em função da largura da correia.

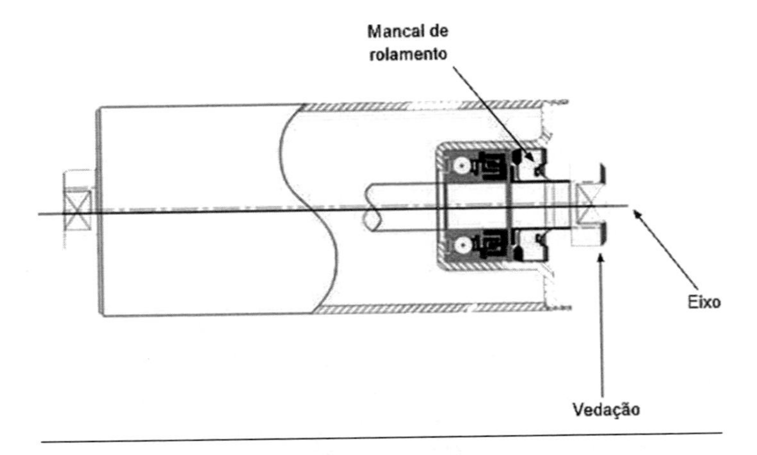

- **Eixos:** são elementos de máquinas que têm função de suporte de outros componentes mecânicos e não transmitem potência. As árvores, além de terem a função de suporte, transmitem potência. Geralmente, usa-se apenas o termo eixo para denominar estes componentes.

  Os eixos nos tambores podem ser usados para transmitir potência, como no caso do rolo acionador, ou servem de suporte, como no caso dos rolos de retorno e ou tensionadores.

- **Mancais:** são elementos de máquinas que têm como função assegurar ao eixo sua flutuação numa camada de lubrificante (quando for de deslizamento), temperatura adequada e proteção contra partículas abrasivas que possam danificá-lo.

  Os mancais se dividem em dois tipos: os de deslizamento, também chamados de buchas; e os de rolamentos, comumente chamados de rolamentos.

- **Retentores:** são elementos que evitam o vazamento de graxa lubrificante entre superfícies que possuem movimento relativo. Entre as vedações para uso dinâmico, as mais simples são as guarnições de limpeza ou separadoras que servem para mantê-la livre da poeira e outros materiais abrasivos, evitando o rápido desgaste do componente, eixos e rolamentos.

- **Roletes:** são os elementos de sustentação da correia, constituídos por rolos cilíndricos e suportes. Além de suportar a correia, são responsáveis por guiá-las.

  Os roletes são fabricados nos mais diversos materiais: tubos de aço, tubos de ferro fundidos ou tubos de plásticos de engenharia.

- **Correias transportadoras:** nas correias são descarregados os materiais que serão transportados. Todas as correias são fabricadas em duas partes distintas: a carcaça e o revestimento. As carcaças são constituídas por uma estrutura resistente, de rayon, nylon, poliéster ou cabo de aço. A carcaça tem a função de suportar os esforços de tração e funciona com uma almofada para reduzir os efeitos de impactos, quando a correia sofre o esmagamento entre os roletes e os esforços de cargas variáveis.

Os revestimentos protegem a correia da abrasão ocasionada no transporte dos materiais e na transmissão com roletes e rolos.

- **Dispositivos de alimentação:** as correias transportam os mais variados produtos a granel. Esses produtos apresentam diferenças de granulometria, peso específico e abrasividade. As características dos materiais influenciam na velocidade e na forma do carregamento. O ideal é que o material a ser carregado caia sobre a correia com a mesma velocidade e de forma a não ter flutuações na alimentação do material.

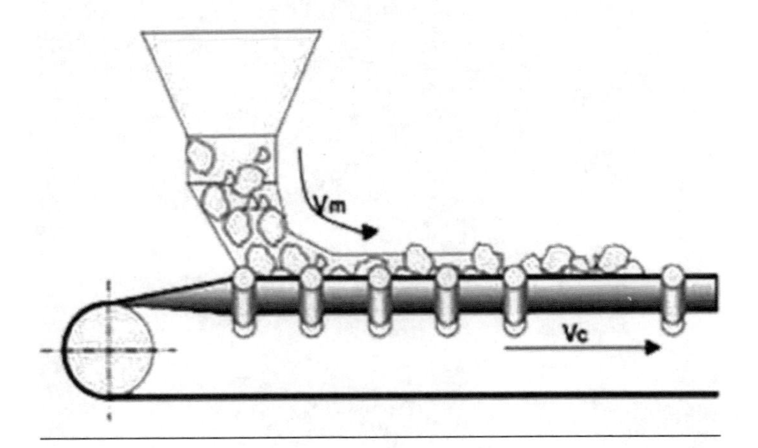

- **Mecanismos de descarga:** as correias servem para transportar os mais diversos materiais. São montadas em portos para carregamento de navios, em silos, em armazéns etc. As descargas das correias podem ser feitas em um local somente ou em vários. A trajetória de descarga tem valor relevante, pois a forma como se dará definirá a posição dos chutes de descarga.

A maneira mais simples de descarga é quando o material a ser descarregado cai em uma pilha, passando sobre o rolo.

- **Esticadores:** são mecanismos utilizados com o objetivo de garantir a tensão conveniente de operação para as correias. Os esticadores podem ser de dois tipos:

  - Automáticos, tipo por contrapeso, molas;
  - Manuais, tipo parafuso extensor.

  No tipo automático de gravidade, um contrapeso é adaptado ao tambor do esticador para obter a tensão de operação desejada; e o de parafuso consiste de duas roscas, cada uma colocada em uma das extremidades do eixo do tambor do esticador, onde deverá ser aplicada manualmente a força necessária para obter a tensão desejada. O tipo de gravidade pode ser colocado em qualquer ponto do ramo frouxo da correia, sendo recomendável nas proximidades do tambor de acionamento ou no próprio tambor traseiro, ao passo que o de parafuso é usado exclusivamente no tambor traseiro.

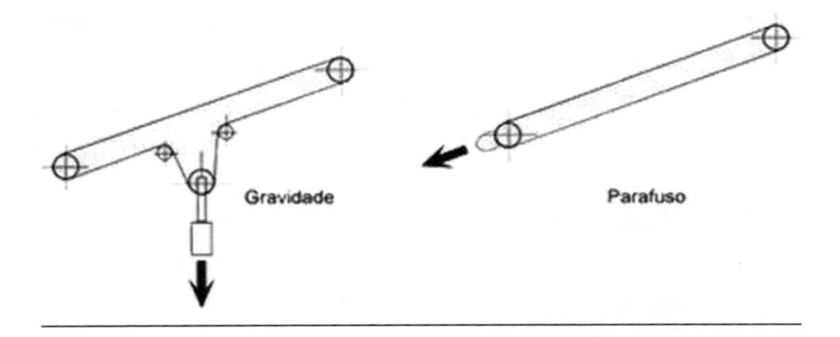

- **Dispositivo de Acionamento:** comum em todos os equipamentos industriais, o dispositivo de acionamento é composto por motor, redutor e acoplamento.

- **Equipamentos de limpeza de correias/raspadores:** as correias transportam materiais abrasivos pegajosos e outros. Esses materiais pegajosos podem ficar grudados nos trechos de descarga da correia e ocasionar seu desalinhamento. Os equipamentos de limpeza mais usados são os raspadores de lâmina. São lâminas de borracha montadas em suportes metálicos e colocadas na parte suja da correia. O acionamento é automático por meio de contrapesos ou molas, proporcionando pressão suficiente sobre a correia, para a remoção dos resíduos.

7.13.3. Inspeção Sensitiva dos Transportadores de Correias

Os transportadores de correias, apesar de serem equipamentos extremamente simples, também necessitam de um acompanhamento frequente de análise e avaliações destinadas a inspeções técnicas sensitivas para averiguarem seu funcionamento e comportamento, bem como sua confiabilidade operacional.

Durante a inspeção, o inspetor técnico deve avaliar as seguintes condições:

- **Sistema de acionamento:** o acionamento do transportador de correias é realizado por um conjunto de motor, redutor, eixos, rolamento, retentores e acoplamentos, onde devem ser criteriosamente inspecionados os quesitos a seguir:
  - **Temperaturas:** devem sempre estar dentro dos limites aceitáveis pelo equipamento. As temperaturas muito altas certamente trarão danos gravíssimos ao desempenho da função do equipamento.
  - **Vibrações:** os índices de vibrações acima dos percentuais estabelecidos pelo equipamento podem alterar seu comportamento e causar danos irreparáveis, como rupturas das estruturas, afrouxamentos das fixações, desbalanceamen-

tos dos conjuntos, defeitos em rolamentos e oscilações no desempenho do ativo.

- **Ruídos:** a observação do ruído se dá devido ao fato da percepção operacional, uma vez que o equipamento muda o barulho que apresenta quando está em operação. Isso é sinal de que algo não está mais como deveria. Um ruído diferente do normal pode apresentar falhas em um rolamento por falta de lubrificação, fadiga, contaminação, algum tipo de agarramento mecânico, entre outras inúmeras deficiências.

- **Vazamentos:** a existência de vazamentos nos direciona ao rompimento de alguma vedação, o que nos inclina a uma ação mais emergente, pois, se o fluido lubrificante chegar a um nível muito baixo, os danos causados ao equipamento podem ser de uma proporção extremamente significativa.

- **Desalinhamentos:** componentes desalinhados podem causar desgastes acentuados, o que agrava a continuidade operacional do ativo. Por isso, a observação quanto ao alinhamento correto do conjunto deve ser seguida e acompanhada com uma frequência significativa, a fim de evitar vibrações e desgastes acentuados.

- **Lubrificação:** a lubrificação sempre será essencial a qualquer equipamento, principalmente rotativo. O acompanhamento diário da condição de lubrificação deve ser uma prática de rotina para que se possa garantir que o filme lubrificante esteja aplicado de maneira eficaz e com o lubrificante ideal.

❑ **Correias:** durante a inspeção das correias, o inspetor deve atentar para a análise de alguns defeitos provenientes de possíveis desgastes, os quais são altamente prejudiciais ao seu perfeito funcionamento; verificar a existência de rachaduras nas correias, a alta temperatura das correias que podem causar uma fragilização na estrutura interna, vindo a romper e/ou causar rachaduras; verificar a existência de desfilamento das paredes laterais, as quais indicam derrapagens por inserção de sujeiras; verificar o alinhamento do sistema, pois qualquer desalinhamento pode causar uma vibração anormal das correias. A tensão das correias é extremamente importante para seu funcionamento, e seu afrouxamento causa funcionamento irregular, já sua tensão excessiva pode causar rompimento ou sobrecarga do sistema. Atenção especial para a condição da emenda onde a mesma não deve apresentar nenhum sinal de desfilamento ou desgastes, e em caso de grampos a emenda deve estar totalmente fixa e uniforme (para detalhes mais aprofundados sobre as técnicas e variações de inspeção deste elemento de máquina, consulte o capítulo 7.6 do livro "Manual Básico para Inspetor de Manutenção Industrial I").

❑ **Rolos ou Tambores:** possuem diversos elementos de máquinas em sua forma construtiva e os quesitos a seguir devem ser criteriosamente inspecionados:

- **Temperaturas:** devem sempre estar dentro dos limites aceitáveis pelo equipamento. As temperaturas muito altas certamente trarão danos gravíssimos ao desempenho da função do equipamento.

- **Vibrações**: os índices de vibrações acima dos percentuais estabelecidos pelo equipamento podem alterar seu comportamento e causar danos irreparáveis, como rupturas das estruturas, afrouxamentos das fixações, desbalanceamentos dos conjuntos, defeitos em rolamentos e oscilações no desempenho do ativo.

- **Ruídos:** a observação do ruído se dá devido ao fato da percepção operacional, uma vez que o equipamento muda o barulho que apresenta quando está em operação. Isso é sinal de que algo não está mais como deveria. Um ruído diferente do normal pode apresentar falhas em um rolamento por falta de lubrificação, fadiga, contaminação, algum tipo de agarramento mecânico, entre outras inúmeras deficiências.

- **Vazamentos:** a existência de vazamentos nos direciona ao rompimento de alguma vedação, o que nos inclina a uma ação mais emergente, pois, se o fluido lubrificante chegar a um nível muito baixo, os danos causados ao equipamento podem ser de uma proporção extremamente significativa.
- **Desalinhamentos:** componentes desalinhados podem causar desgastes acentuados, o que agrava a continuidade operacional do ativo. Por isso, a observação quanto ao alinhamento correto do conjunto deve ser seguida e acompanhada com uma frequência significativa, a fim de evitar vibrações e desgastes acentuados.
- **Lubrificação:** a lubrificação sempre será essencial a qualquer equipamento, principalmente rotativo. O acompanhamento diário da condição de lubrificação deve ser uma prática de rotina para que se possa garantir que o filme lubrificante esteja aplicado de maneira eficaz e com o lubrificante ideal.
- **Desgastes:** alguns rolos ou tambores são revestidos e durante sua inspeção o inspetor deve analisar as condições dos revestimentos, em que os mesmos não devem estar soltos nem desgastados. Em alguns rolos, os revestimentos possuem ranhuras que facilitam a aderência da correia; estas ranhuras se desgastam com o tempo devido à fricção e/ou abrasão, e quando ocorrem estes desgastes os rolos devem ser substituídos.

❑ **Dispositivos de Alimentação:** os dispositivos de alimentação dos transportadores de correias são totalmente estruturais e sua inspeção consiste em detectar afrouxamento das fixações, trincas, fissuras ou desgastes em pontos de impacto onde ocorrem abrasões ou atritos extremos, o que causa furos ou até mesmo oxidações que com o tempo deterioram as paredes do chute e interrompem seu funcionamento.

- **Roletes:** são componentes da estrutura do transportador de correias; eles facilitam o trabalho do sistema direcionando as correias e aliviando sua força em função da carga transportada, pois estão localizados em diversos pontos em toda a extensão das correias. Sendo assim, devem-se inspecionar os roletes para garantir que estão apoiados na correia e girando de forma correta e precisa. A falta de um conjunto de rolete pode ocasionar sobrecarga da correia em algum ponto e dificultar o transporte do material até seu destino final.

- **Raspadores:** nada mais são do que as lâminas que irão limpar as correias, e para inspecioná-las basta observar se a lâmina está em contato com a correia com a pressão adequada, apoiada em toda sua extremidade, e se seu desgaste ainda é aceitável.

Os transportadores de correias são equipamentos de longa vida útil e quando são inspecionados de forma correta seus defeitos são detectados e corrigidos de acordo com uma sistemática de manutenção estabelecida e eficaz; raramente levam a índices de disponibilidades negativos

NOTA DO AUTOR

Todos os equipamentos e/ou ativos industriais, sem exclusão de nenhum elemento, é passivo de ser inspecionado de forma sensitiva com um altíssimo grau de detecção de defeitos.

Para isso, basta que consigamos desenvolver em nossos profissionais a sensibilidade técnica para detectar tais anomalias, pois todo elemento de máquina nos informa seu comportamento. De alguma forma ele exprime seu esforço e sua condição operacional, quer seja a curto, médio ou longo prazo.

Muitas organizações ainda insistem em manter seus técnicos corrigindo falhas imediatas, o que afeta diretamente seus indicadores de desempenho, atingindo assim um baixíssimo percentual de disponibilidade.

A forma de inspeção sensitiva é a estratégia de manutenção mais barata e eficaz que uma organização pode implantar, pois, além de aumentar o percentual de disponibilidade da produção, também nos dá a tão sonhada confiabilidade operacional, uma vez que nossos técnicos conhecerão o comportamento dos ativos e garantirão sua eficácia.

A única dificuldade seria selecionar bem seus técnicos e desenvolver neles o senso crítico, fidelidade e comprometimento com a modalidade e suas atribuições.

A inspeção sensitiva é uma mão de obra extremamente barata e nos possibilita, a cada dia mais, aumentar o conhecimento de nossos técnicos nos ativos que são direcionados a inspecionar.

Facilita a detecção de defeitos mais rapidamente do que qualquer outra estratégia de manutenção, pois os técnicos estão diretamente ligados aos equipamentos ou ativos durante quase toda a sua jornada de trabalho todos os dias. Sendo assim, ao menor sinal de qualquer anormalidade em seu funcionamento, é facilmente percebida e detectada e consequentemente o planejamento para eliminação do defeito irá ocorrer em tempo hábil tanto para evitar que a falha aconteça quanto para seguir as diretrizes da organização, cumprindo os prazos de aquisição de sobressalentes e/ou mão de obra planejada.

Atingir altos índices de disponibilidade com confiabilidade e com um baixo custo de mão de obra, utilizando o que temos dentro das organizações, é o objetivo direto da inspeção sensitiva dentro das organizações, independentemente do ramo de atuação e da complexidade dos ativos.

A quebra de paradigmas é fundamental para que as organizações adotem a prática e desenvolvam em sua equipe de manutenção as técnicas de inspeção sensitiva, diminuindo os índices de corretiva e trabalhando de forma preventiva e planejada.

FONTES DE INFORMAÇÕES

- www.biofogo.com.br.
- Norma Regulamentadora 13.
- ABNT –NBR-6493.
- www.manutencaoesuprimentos.com.br
- Figueira 2004.
- Metso 2005.
- Varella 2011.
- ThyssenKrupp 2006.
- Sandvik, 2010.
- www.omni.com.br
- NASSAR, Wilson Roberto. Máquinas de Elevação e Transportes. Universidade Santa Cecília, Santos.
- TAMASAUSKAS, Arthur. Metodologia do Projeto Básico de Equipamento de Manuseio e Transporte de Cargas - Ponte Rolante - 2000.
- NBR 8400.
- Demuth, Peneiras.
- www.forseq.com.br
- Kreith (1977).
- Bennet e Myers (1978.

- Trybal (1980).
- Stocker (1981).
- Threkeld e Jones.
- <http://www.copabo.com.br/index.php/287>. Acesso em: 24 mar. 2008.
- <http://www.agromarau.com.br/elo_04.pdf>. Acesso em: 24 mar. 2008.

SOBRE O AUTOR

Edson Gonçalves, 40 anos, nascido no dia 11/04/1974, na cidade de Coronel Fabriciano, em Minas Gerais, filho de Otil Gonçalves Neto e Maria Vieira Gonçalves, é o quinto filho de uma família de 7 irmãos. Casado desde o ano 2000 com Neide Oliveira Gonçalves Guerra, pai de 2 filhas, Sabrina e Emanuelle, está sempre presente e não abre mão do convívio familiar, onde encontra tranquilidade e equilíbrio para equalizar as pressões do trabalho e o aconchego da vida em família.

Filho de família de classe baixa, os pais sem formação escolar, estudou em escolas públicas e sempre obteve médias significativas, as quais o propiciaram a nunca ter sido reprovado.

Teve sonhos de criança, começando pelo futebol, no qual algumas tentativas de se profissionalizar no mundo mágico do esporte não foram muito bem-sucedidas com relação ao lado financeiro, porém educacional e culturalmente pôde ser orientado de forma correta, o que o manteve longe da bebida e das drogas ilícitas, práticas que cultiva até os dias de hoje.

Teve uma infância feliz, com muita agitação e liberdade para realizar todas as peripécias de uma criança em fase de crescimento.

Técnico em Mecânica, formado no ano de 1992 na Escola Técnica Vale do Aço, iniciou por diversas vezes o curso superior sem muito sucesso devido à dedicação às funções do trabalho, com diversos cursos de aperfeiçoamento, inclusive no exterior. Iniciou sua carreira profissional como estagiário de uma cimenteira na cidade de Santana do Paraíso, em Minas Gerais.

Após seu estágio, foi mecânico de manutenção de algumas prestadoras de serviços (Ebec e Sankyu) nas dependências de uma usina siderúrgica na cidade de Ipatinga - MG, onde foi efetivado como Inspetor de Manutenção pela USIMINAS (Usinas Siderúrgicas de Minas Gerais), onde trabalhou por alguns anos exercendo a função até sua transferência para a concorrente CSN (Companhia Siderúrgica Nacional) na cidade de Araucária - PR.

Cumpriu mais um ciclo durante alguns anos, também exercendo a função de supervisão de manutenção e inspeção, quando pôde desenvolver diversas habilidades técnicas que lhe deram a condição de evoluir nas suas práticas e nos conhecimentos voltados para a inspeção de manutenção industrial.

Transferiu-se para uma empresa do ramo Petroquímico (Arauco do Brasil), onde trabalhou por mais 2 anos exercendo as funções de gestão de manutenção e aplicando seus conhecimentos para atingir os resultados esperados pela organização.

Nos dias de hoje, continua exercendo as funções de gestor e empresário e é um dos sócios da empresa de Consultoria, Assessoria e execução de manutenção em geral em todos os segmentos industriais em prol do desenvolvimento de novas técnicas de manutenção e de inspeção sensitiva, voltada para a evolução da manutenção industrial, procurando sempre cumprir suas metas e atender a todas as expectativas das organizações que necessitam de seus serviços.

Especializou-se em treinamentos técnicos, onde ministra vários treinamentos desde a prática de execução até a gestão de liderança e comportamental para organizações que necessitam de reestruturas no seu efetivo técnico.

Vida Profissional

- **Técnico em Mecânica**, com diversos cursos de aperfeiçoamento, inclusive no exterior, com sólida atuação em empresas e indústrias de grande porte, desenvolvendo atividades na área da manutenção e produção.
- **Área de atuação**: Técnica — Manutenção — Produção — Engenharia

Escolaridade

- **Técnico:** Técnico em Mecânica — Escola Técnica Vale do Aço - MG — 1992
- **Superior:** Gestão da Produção Industrial — Fatec — Curitiba — Cursando.

Experiências Internacionais

- Processo de Funcionamento Siderúrgico Pré-Pintado: Ministrado pela Pré-Coat, na cidade de Saint Louis, nos Estados Unidos, no ano de 2003, com duração de 60 dias.
- **Tratamento Químico e Aplicação:** Ministrado pela Henkel, na cidade de Chicago, nos Estados Unidos, no ano de 2003, com duração de 15 dias.
- **Especialização e Tecnologia de Cabos de Aço:** Ministrado pela IPH, na cidade de Buenos Aires, na Argentina
- **Instrutor Roland Ferret**, no ano de 2008, com duração de 15 dias.

Experiências Profissionais

Empresa	Cargo	Período
Cimento Caue S.A	Técnico em Mecânica	1 ano
Sankyu S.A	Mecânico Ajustador	1 ano
Carvalho Mont. Ind.	Mecânico Ajustador	1 ano
Usiminas — Usinas Sid. MG	Supervisor de Inspeção	6 anos
CSN — Comp. Sid. Nacional	Supervisor de Manutenção	9 anos
Arauco do Brasil	Supervisor de Manutenção	2 anos
Optimus	Gestor	Atual

Descrição das Principais Atividades Desempenhadas

- ❑ Participação nos projetos de implementação de novas unidades de produção.
- ❑ Gerenciamento das equipes de montagens, alinhamentos, ajustes, lubrificação e testes do start-up das linhas de produção de Laminação a Frio.
- ❑ Desenvolvimento e aplicação de novas sistemáticas de manutenção das unidades de produção, otimizando os recursos, minimizando as necessidades de intervenção e consequentemente reduzindo custos de mão de obra e materiais sobressalentes na proporção de 12% ao ano.
- ❑ Desenvolvimento e reformulação de todo sistema hidro-estático de lubrificação e refrigeração dos mancais e rolamentos dos cilindros de laminação, aumentando sua vida útil em aproximadamente 60%.

- Redimensionamento de componentes e equipamentos, aumentando o volume de produção em 15%, garantindo sua disponibilidade e confiabilidade.
- Participação do grupo de voluntários, desenvolvendo dentro da empresa a cultura de segurança com o objetivo de atingir o índice zero de acidentes.
- Coordenar e supervisionar equipe de inspeção técnica para avaliação das condições de funcionamento dos equipamentos.
- Coordenar e supervisionar elaboração de programação das atividades para encaminhamento dos equipamentos para manutenções, preventivas, preditivas e corretivas.
- Desenvolvimento e implantação de condições de manutenabilidade dos equipamentos.
- Implantação do programa de vazamentos zero.
- Elaboração de treinamentos para os colaboradores recém-admitidos.
- Supervisionar e acompanhar as atividades de caldeiraria.
- Supervisionar e acompanhar as atividades de usinagem e retífica.
- Implementação do sistema de gerenciamento de manutenção.
- Elaboração de procedimentos de manutenção.
- Elaboração de sistemáticas de planos de manutenção, inspeção e lubrificação.
- Especificação técnica dos componentes e elementos de máquinas dos equipamentos.
- Implantação da sistemática TPM, RCM e MOC.

- ❑ Aplicação de Brainstorm e Bentchmarkim.
- ❑ Implementação e Aplicação dos métodos de avaliação e análises de falhas.
- ❑ Elaboração de orçamento anual.
- ❑ Implantação de gestão de manutenção à vista.
- ❑ Elaboração de visão, missão e objetivos da manutenção.
- ❑ Desenvolvimento de sistemática de manutenção em função de normas técnicas para equipamentos dedicados.
- ❑ Gerenciamento de contratos de terceiros.
- ❑ Desenvolvimento e avaliação de novos fornecedores e prestadores de serviços.
- ❑ Elaboração de indicadores da manutenção.
- ❑ Contatos com fornecedores para desenvolvimento de sobressalentes e/ou readequação de equipamentos e componentes.
- ❑ Visitas técnicas a fornecedores e fabricantes para avaliação e inspeção dos equipamentos.
- ❑ Acompanhamento e supervisão das execuções das atividades programadas e emergenciais.
- ❑ Desenvolvimento de manuais descritivos técnicos para equalizar as informações junto aos fornecedores, analisando as normas cabíveis para cada aplicação.
- ❑ Prestação de serviços de consultoria e assessoria à manutenção, das organizações nacionais e internacionais.
- ❑ Palestrante de estratégias e ferramentas estratégicas de manutenção.

- Instrutor de treinamentos técnicos e práticos referentes aos elementos de máquinas e diretrizes de manutenção.

Habilidades Pessoais

- Tranquilidade, Curiosidade, Atenção.
- Facilidade de Relacionamento Interpessoal.
- Busca por aprendizado, Desenvolvimento e Resultados.
- Disciplina, Liderança Situacional.

Cursos de Aperfeiçoamento

- Inspetor de Soldagem Nível 1, Inspetor de LP.
- Desenho Mecânico, Metrologia, Alinhamento de Máquinas, Maçarico de Corte.
- Hidráulica, Esquemas hidráulicos, Sistemas de Gerenciamento de Manutenção.
- Solda, Freios, Vedações, Filtros, Lubrificantes e Lubrificação Classe Mundial.
- Roscas, Cabos de Aço, Correias, Bombas, Correntes.
- Manutenção Preditiva, Controle de Custos, PCOM, Sistema de Gestão Ambiental.
- Especificações de Válvulas, Rolamentos, Mancais de Rolamentos.
- Controle de Vapor e Ar Comprimido, Pneumática, Redutoras.

- ❑ Inspetor de Equipamentos, RCM, MOC, Controle de Qualidade Total.
- ❑ Chefia e Liderança, Garantindo a Primeira Imprensão.
- ❑ Assertividade e Desinibição, A Arte de Falar em Público.
- ❑ Liderança em Âmbito Ocupacional, Técnicas de Abordagem, Técnicas de linguagem corporal.
- ❑ NR 11, NR 13, NR 18, NR 33.
- ❑ Manutenção Classe Mundial.
- ❑ Ms Project.

OBS.: Condecorado pela USIMINAS como Operário Destaque de Qualidade em virtude do comprometimento, esforços e resultados obtidos em busca da qualidade total.

Condecorado pela ASSOCIAÇÂO BRASILEIRA DE LIDERANÇA - BRASLIDER com o Prêmio EXCELÊNCIA E QUALIDADE BRASIL 2014, MELHORES DO ANO na categoria PROFISSIONAL DO ANO em Consultoria Técnica Mecânica.

Condecorado pela ASSOCIAÇÂO BRASILEIRA DE LIDERANÇA - BRASLIDER com o Prêmio EXCELÊNCIA E QUALIDADE BRASIL 2015, MELHORES DO ANO na categoria PROFISSIONAL DO ANO em Consultoria Técnica Mecânica.

Contatos:

edinhoguerra@bol.com.br

edson@optimuscsi.com.br

41-9667-6914

ÍNDIOS.....

Quem me dera ao menos uma vez
Ter de volta todo o ouro que entreguei a quem
Conseguiu me convencer que era prova de amizade
Se alguém levasse embora até o que eu não tinha

Quem me dera ao menos uma vez
Esquecer que acreditei que era por brincadeira
Que se cortava sempre um pano de chão
De linho nobre e pura seda

Quem me dera ao menos uma vez
Explicar o que ninguém consegue entender
Que o que aconteceu ainda está por vir
E o futuro não é mais como era antigamente

Quem me dera ao menos uma vez
Provar que quem tem mais do que precisa ter
Quase sempre se convence que não tem o bastante
Fala demais por não ter nada a dizer

Quem me dera ao menos uma vez
Que o mais simples fosse visto como o mais importante
Mas nos deram espelhos e vimos um mundo doente

Quem me dera ao menos uma vez
Entender como um só Deus ao mesmo tempo é três
E esse mesmo Deus foi morto por vocês
Sua maldade, então, deixaram Deus tão triste

Quem me dera ao menos uma vez
Acreditar por um instante em tudo que existe
E acreditar que o mundo é perfeito e que todas as pessoas são felizes

Quem me dera ao menos uma vez
Fazer com que o mundo saiba que seu nome
Está em tudo e mesmo assim ninguém lhe diz ao menos obrigado

Quem me dera ao menos uma vez
Como a mais bela tribo dos mais belos índios
Não ser atacado por ser inocente

Eu quis o perigo e até sangrei sozinho, entenda
Assim pude trazer você de volta pra mim
Quando descobri que é sempre só você
Que me entende do início ao fim

E é só você que tem a cura pro meu vício
De insistir nessa saudade que eu sinto
De tudo que eu ainda não vi

Nos deram espelhos e vimos um mundo doente
Tentei chorar e não consegui...

Renato Russo

Anotações

Impressão e acabamento
Gráfica da Editora Ciência Moderna Ltda.
Tel: (21) 2201-6662